Yehya Mohsen

Plate-forme micro-fluidique pour la détection d'un simili d'explosifs

AF185583

Yehya Mohsen

Plate-forme micro-fluidique pour la détection d'un simili d'explosifs

Réalisation d'un système miniaturisé pour la détection sélective de traces d'un produit de dégradation du TNT dans l'air

Presses Académiques Francophones

Impressum / Mentions légales
Bibliografische Information der Deutschen Nationalbibliothek: Die Deutsche Nationalbibliothek verzeichnet diese Publikation in der Deutschen Nationalbibliografie; detaillierte bibliografische Daten sind im Internet über http://dnb.d-nb.de abrufbar.

Information bibliographique publiée par la Deutsche Nationalbibliothek: La Deutsche Nationalbibliothek inscrit cette publication à la Deutsche Nationalbibliografie; des données bibliographiques détaillées sont disponibles sur internet à l'adresse http://dnb.d-nb.de.

Coverbild / Photo de couverture: www.ingimage.com

Verlag / Editeur:
Presses Académiques Francophones
ist ein Imprint der / est une marque déposée de
OmniScriptum GmbH & Co. KG
Heinrich-Böcking-Str. 6-8, 66121 Saarbrücken, Deutschland / Allemagne
Email: info@presses-academiques.com

Herstellung: siehe letzte Seite /
Impression: voir la dernière page
ISBN: 978-3-8416-2227-3

Remerciements

Ce travail de thèse a été réalisé au sein du laboratoire Chrono-Environnement de l'Université de Franche-Comté – Besançon.

Je remercie tout d'abord Monsieur Daniel GILBERT, directeur du laboratoire Chrono-Environnement, pour m'avoir accueilli au sein de son laboratoire.

Je tiens à exprimer mes remerciements à tous les membres du jury pour leurs remarques pertinentes et les questions constructives qu'ils ont pu me poser durant ma soutenance. Tout particulièrement, Monsieur Boris LAKARD, Professeur à l'Université de Franche-Comté qui m'a fait l'honneur de présider mon jury de thèse ainsi que Messieurs Jean-Paul VIRICELLE et Philippe MENINI qui ont accepté de rapporter mon travail de thèse.

Je remercie mon directeur de thèse Monsieur Franck BERGER, Maître de conférences de l'Université de Franche-Comté, pour ses nombreux conseils scientifiques et le temps qu'il m'a consacré malgré son emploi du temps chargé, tout particulièrement lors de la rédaction du présent manuscrit.

J'aimerais remercier spécialement Monsieur Jean-Baptiste SANCHEZ, Maître de conférences de l'Université de Franche-Comté, pour sa confiance, son encouragement et son aide tout au long de ces trois années de thèse. J'ai beaucoup apprécié ta qualité d'encadrement qui a abouti à finir le travail dans les temps. Merci pour ta patience et ton appui inconditionnel dans les moments difficiles surtout lors de la rédaction. Tu étais une personne formidable, toujours à l'écoute tant au niveau personnel et professionnel. Je n'oublie pas non plus les beaux moments que nous avons passé ensemble à Nuremberg ainsi qu'à Marseille.

1

Nous avons eu des collaborations scientifiques fructueuses avec l'équipe Adsorption sur Solide Poreux (ASP) de l'Institut Carnot de Bourgogne. Je tiens donc à remercier chaleureusement le Professeur Jean-Pierre BELLAT ainsi que Messieurs Igor BEZVERKHYY et Guy WEBER pour leur aide durant le temps que j'ai passé à Dijon pour caractériser les adsorbants. Je remercie ainsi toute l'équipe pour son excellent accueil.

Je remercie également Madame Vanessa FIERRO et Monsieur Alain CELZARD de l'Institut Jean-Lamour (IJL) de Nancy pour m'avoir fourni les charbons actifs pour le micro-préconcentrateur.

Je tiens à remercier Monsieur Jean-Claude JEANNOT, directeur de la salle blanche MIMENTO de l'Institut Femto-ST, pour m'avoir donné accès aux différentes techniques de micro-fabrication. Je remercie toute l'équipe technologique, tout particulièrement, Madame Valérie PETRINI et Messieurs Laurent ROBERT, Samuel QUESTE et Jean-Yves RAUCH, pour leurs conseils lors de formations en salle blanche qui m'ont permis de réaliser mes propres dispositifs miniaturisés.

J'aimerais aussi remercier Madame Houda LAHLOU, pour sa sympathie et son aide pendant les quelques mois que nous avons passé ensemble dans le laboratoire Chrono-Environnement.

Un grand merci à tous les membres du laboratoire pour la bonne ambiance qui a régné pendant ces 3 années. En particulier, merci à Michel FROMM, Christophe MAVON, Jean-Emmanuel GROETZ (clac doigt !!), Manuel GRIVET, Sarah FOLEY, Mironel ENESCU, Bruno CARDEY, Mark BIEBER et Sylvie PETOT-VISINI.

Je remercie aussi tous les doctorants du laboratoire, anciens et actuels. Merci donc à Omar, Boutheina, Béatrice, Rima, Abdelhadi, Nabil, Laetitia, Guillaume, Julien et Talaat.

Je remercie mes parents, mes sœurs et mon frère pour leur confiance et leur encouragement. J'espère pourvoir un jour vous rendre un peu de tout ce que vous m'avez apporté.

Je remercie également mes beaux-parents pour leur soutien.

Enfin, j'exprime mes immenses remerciements à ma femme Nathalie TARCHICHI. Je ne trouve pas les mots qui me permettent d'exprimer ma profonde gratitude. Merci pour ton dévouement, ton soutien et ta présence à côté de moi durant ces années de thèse. Sans toi, je n'aurais jamais pu finir confortablement ce travail.

A Nathalie,

5

Table des matières

INTRODUCTION GÉNÉRALE...................................... 13

****

CHAPITRE I : État de l'art et positionnement du projet 19

1   Introduction 20

2   Techniques courantes de détection d'explosifs et de leurs dérivés 20

  2.1 Techniques d'analyses de laboratoire 21

  2.2 Micro-capteurs chimiques pour la détection d'explosifs 22

    2.2.1 Capteurs à ondes acoustiques de surface (SAW) 22

    2.2.2 Capteurs de type micro-levier 25

    2.2.3 Capteurs chimiques résistifs 26

3   Capteurs chimiques à base de SnO_2 28

  3.1 Principe de fonctionnement et limite d'utilisation 28

4   Micro-préconcentrateurs de gaz 33

  4.1 Principe de fonctionnement 33

  4.2 Conceptions et réalisations de préconcentrateurs 34

    4.2.1 Préconcentrateurs à géométries planes 35

    4.2.2 Préconcentrateurs à cavités tridimensionnelles (3 D) 39

    4.2.3 Adsorbants utilisés dans les micro-préconcentrateurs 50

5   Micro-colonnes chromatographiques 53

  5.1 Généralité sur la chromatographie en phase gazeuse 53

  5.2 Exemples de micro-colonnes chromatographiques 54

7

5.2.1 Choix de la phase stationnaire 60

6 Positionnement du projet de recherche 63

7 Conclusion 68

Liste des figures du chapitre I 69

Liste des tableaux du chapitre I 71

Références bibliographiques 72

****

<u>**CHAPITRE II : Caractérisation et sélection d'adsorbants pour la**</u>
<u>**préconcentration de l'ortho-nitrotoluène**</u>............................ 89

1 Introduction 90

2 Adsorption, adsorbat et adsorbants 90

2.1 Adsorption 90

2.2 Caractéristiques de l'ortho-nitrotoluène (ONT) 92

2.2.1 Propriétés physico-chimiques 92

2.2.2 Dimensions et structure 94

2.3 Présentation des adsorbants étudiés 95

2.3.1 Les charbons 96

2.3.2 Le Tenax TA 99

2.3.3 La zéolithe DAY 100

3 Techniques de caractérisation des adsorbants 102

3.1 Manométrie d'adsorption d'azote 103

3.1.1 Préparation des échantillons 105

3.2 Analyses thermogravimétriques ATG 92 105

3.2.1 Préparation des échantillons ..………………………….... 105

3.3 Thermogravimétrie Mc Bain .…………………………… 106

3.3.1 Méthodologie expérimentale .………………………. 108

4   Résultats et discussion .……………………………… 109

4.1 Manométrie d'adsorption d'azote .……………………… 109

4.1.1 Classification des isothermes d'adsorption .…………….. 110

4.1.2 Isothermes d'adsorption d'azote des différents adsorbants ….. 112

4.1.3 Synthèse .……………………………………... 116

4.2 Étude par thermogravimétrie ATG 92 .…………………….. 116

4.2.1 Étude du Tenax TA .…………………………….. 117

4.2.2 Étude de la zéolithe DAY .……………………………. 118

4.2.3 Étude des charbons N, KL1, KL_2 et KL_3 .…………………. 119

4.2.4 Synthèse .………………………………………... 121

4.3 Étude par thermogravimétrie Mc Bain .…………………….. 124

4.3.1 Tracé des isothermes et interprétation des résultats .……….. 124

4.3.2 Synthèse des résultats .……………………………….... 128

5   Conclusion .……………………………………….... 129

Liste des figures du chapitre II .…………………………… 131

Liste des tableaux du chapitre II .…………………………… 132

Références bibliographiques .……………………………… 133

****

CHAPITRE III : Conception de la plate-forme micro-fluidique….. 137

1   Introduction .…………………………………… 138

9

2   Présentation des micro-structures envisagées 138

3   Présentation des techniques utilisées 141

   3.1 Photolithographie 141

      3.1.1 Principe 141

      3.1.2 Étape de la photolithographie 141

   3.2 Gravure sèche 143

   3.3 Collage anodique 144

4   Conception des micro-systèmes fluidiques 146

   4.1 Réalisation des micro-cavités 146

   4.2 Réalisation des micro-canaux 151

5   Dépôt de l'adsorbant et de la phase stationnaire 154

   5.1 Dépôt de l'adsorbant dans le micro-préconcentrateur 154

   5.2 Dépôt de la phase stationnaire dans les micro-canaux 157

6   Conclusion 159

Liste des figures du chapitre III 160

Liste des tableaux du chapitre III 161

Références bibliographiques 162

****

CHAPITRE IV : Étude, caractérisation et évaluation des performances d'analyse de la plate-forme micro-fluidique 165

1   Introduction 166

2   Validation de l'utilisation des capteurs SnO$_2$ 166

10

3 Évaluation des conditions optimales d'adsorption et de désorption de l'ONT sur les adsorbants dans le micro-préconcentrateur... 169

3.1 Temps de désorption 171

3.2 Débit d'adsorption 173

3.3 Étude des charbons N, KL_2, KL_3 et de la zéolithe DAY 176

3.4 Synthèse 179

4 Évaluation des performances d'analyse de la plate-forme 180

4.1 Détermination des conditions optimales d'élution 181

4.2 Détermination du temps d'adsorption 184

4.3 Synthèse sur les conditions optimales 185

4.4 Évaluation de la limite de détection de l'ortho-nitrotoluène 186

4.5 Capacité de détection de l'ONT en présence d'un interférent 190

4.5.1 Séparation de l'ONT en présence du toluène 190

4.5.2 Influence de la présence de toluène sur la capacité d'adsorption des adsorbants... 192

4.6 Influence du taux d'hygrométrie 196

5 Conclusion 199

Liste des figures du chapitre IV 201

Liste des tableaux du chapitre IV 202

Références bibliographiques 203

****

<u>CONCLUSION GÉNÉRALEET PERSPECTIVES</u> 205

INTRODUCTION GÉNÉRALE

La surveillance de la qualité de l'air dans différentes zones sensibles est une réelle nécessité pour la protection de la population et de l'environnement. Les normes actuelles exigent la révélation de la présence de différents composés chimiques (O_3, CO, NO_x, COVs, …) à des concentrations très faibles voire à l'état de traces.

Dans ce contexte, la détection de traces d'explosifs dans différents environnements (aéroports, gares, …) est un défi majeur que tentent de relever plusieurs équipes de recherche. En particulier pour répondre à cet objectif, l'utilisation d'appareils sensibles pour révéler l'existence d'explosifs et les quantifier est indispensable.

Les techniques d'analyses de laboratoire comme par exemple la spectrométrie infrarouge, la chromatographie en phase gazeuse ou autres, sont des instruments performants et capables d'analyser ces types de composés. Néanmoins, ces appareils ont des limitations en ce qui concerne leur utilisation du fait de leur encombrement et des servitudes associées. Dans ce cas, la miniaturisation de ces techniques devient nécessaire afin de développer des systèmes de mesure miniaturisés et facilement transportables permettant ainsi de multiplier les sites d'analyses et accéder à une cartographie précise des zones cibles à surveiller.

Les récents développements dans les domaines de la micro-fabrication permettent d'envisager la possibilité de réaliser des micro-dispositifs d'analyse efficaces et autonomes de type laboratoire sur puce (Lap-on-a-chip) comme les micro-chromatographes en phase gazeuse (µGC).

La détection directe de traces d'explosifs dans l'air est difficile du fait de leur faible pression de vapeur saturante. Cependant, ces composés ont tendance à se dégrader naturellement pour former des produits de dégradation plus volatils et donc plus facile à détecter dans l'atmosphère. Dans ce cadre, ce travail de recherche est focalisé sur la détection de

14

l'ortho-nitrotoluène (ONT) considéré comme étant un produit de dégradation du trinitrotoluène (TNT).

En particulier, l'objectif principal de cette étude est de réaliser un système de détection efficace pour l'identification et la quantification d'ortho-nitrotoluène en présence d'interférents. Ce système doit être miniaturisé, sélectif et sensible. Il doit comporter une unité de préconcentration pour adsorber et concentrer l'ONT à l'état de traces, une colonne chromatographique pour le séparer des autres interférents et un détecteur performant.

Les capteurs chimiques à base d'oxydes semi-conducteurs et notamment les capteurs à base de dioxyde d'étain (SnO_2) sont de bons candidats pour la détection de gaz et de vapeurs de différentes natures (COVs, CO, O_3,...). De plus, ils possèdent les avantages d'être miniaturisés, portables et de faibles coûts. Néanmoins, ils présentent un réel manque de sélectivité et leur sensibilité peut s'avérer insuffisante pour la détection de traces de polluants dans l'atmosphère.

L'approche originale envisagée dans ce projet de recherche consiste en particulier à travailler en amont du capteur chimique (SnO_2), en développant d'une part un micro-préconcentrateur de gaz afin d'améliorer l'aspect sensibilité, et d'autre part une micro-colonne chromatographique pour s'affranchir du manque de sélectivité. Ces briques élémentaires seront intégrées sur un substrat de silicium et positionnées en amont du capteur SnO_2.

Au cours de cette étude, les différents points abordés sont les suivants :

➢ Utilisation des capteurs de gaz à base de dioxyde d'étain (SnO_2) pour la détection de l'ONT.

➢ Étude de différents adsorbants dans le but de sélectionner le(s) plus approprié(s) pour la concentration de la molécule cible.

15

➤ Réalisation d'une plate-forme micro-fluidique composée d'un micro-préconcentrateur de gaz et d'une micro-colonne chromatographique totalement intégrés sur silicium.

➤ Caractérisation et évaluation des performances d'analyse de ces micro-systèmes en termes de capacité de concentration et de séparation de l'ONT.

En conséquence, le micro-système développé dans le cadre de ce travail doit pouvoir conduire à la détection sensible et sélective de l'ortho-nitrotoluène en présence d'interférents.

Le présent manuscrit est reparti en quatre chapitres.

Après avoir présenté les techniques courantes utilisées pour la détection d'explosifs, le premier chapitre s'attachera à détailler le principe de fonctionnement des capteurs à base de dioxyde d'étain et leur limite d'utilisation. Ensuite, une présentation de l'état d'art relatif aux micro-préconcentrateurs et aux micro-colonnes chromatographiques sera effectuée.

Un dernier point dans ce chapitre concernera la présentation de la problématique de ce travail de thèse et la solution proposée pour obtenir un système sensible et sélectif.

Le deuxième chapitre sera focalisé sur l'étude et la caractérisation d'une série d'adsorbants permettant la concentration d'un traceur d'explosif (ortho-nitrotoluène).

Dans un premier temps, les caractéristiques de l'ONT, les adsorbants étudiés et les techniques utilisées seront présentés en détail. La deuxième partie de ce chapitre sera consacrée aux résultats expérimentaux obtenus par les techniques d'adsorption d'azote et de thermogravimétrie. En particulier, cette étude réalisée en partenariat avec l'Institut Carnot de Bourgogne (ICB-Dijon) et l'Institut Jean Lamour (IJL-Nancy) concerne la

16

détermination des propriétés poreuses des adsorbants ainsi que l'évaluation de la capacité d'adsorption et de désorption de l'ONT et de la température optimale de désorption.

Le troisième chapitre sera dédié à la conception de la plate-forme micro-fluidique. Tout d'abord, le design et les principes des techniques utilisées lors des étapes de fabrication des micro-systèmes seront présentés. Puis, le process de réalisation technologique des micro-préconcentrateurs et de la micro-colonne chromatographique dans la salle blanche MIMENTO de l'Institut Femto-St (Besançon) sera détaillé étape par étape. Enfin, la méthode utilisée pour déposer l'adsorbant dans la micro-cavité du préconcentrateur et la phase stationnaire dans les micro-canaux de la colonne sera également présentée.

Enfin, le dernier chapitre présentera les résultats relatifs à la caractérisation et à l'évaluation des performances d'analyse de la plate-forme micro-fluidique. En particulier, l'étude concerne la détermination des conditions optimales de fonctionnement du micro-préconcentrateur et de la micro-colonne chromatographique pour la concentration et l'élution de l'ONT. Ensuite, la capacité de détection et de séparation de l'ONT seul puis en présence d'un interférent sera présentée. L'étude de l'influence du taux d'hygrométrie sur la capacité d'adsorption du micro-préconcentrateur sera également envisagée dans ce chapitre.

CHAPITRE I

État de l'art et positionnement du projet

1 Introduction

La détection de traces d'explosifs dans l'environnement ou dans des zones plus confinées est un sujet d'actualité sur lequel se focalisent de nombreuses équipes de recherche.

Dans ce contexte, l'objectif de ce présent travail est la réalisation d'une plate-forme micro-fluidique pour la détection sélective de traces d'explosifs dans l'atmosphère.

Ce premier chapitre a pour but de dresser un état de l'art concernant les avancées scientifiques et technologiques dans le domaine de la détection d'explosifs afin de positionner ces travaux de thèse en regard de l'existant et d'en fixer les objectifs.

Dans un premier temps, nous présenterons les différentes techniques utilisées et développées pour détecter et quantifier la présence d'explosifs. Ensuite, nous nous attacherons à donner le principe de fonctionnement des capteurs résistifs à base de dioxyde d'étain, en pointant en particulier leurs limites d'utilisation. Un inventaire des récents développements dans le domaine des micro-préconcentrateurs et micro-colonnes chromatographiques sera ensuite établi.

Un dernier point sera consacré à la présentation des solutions technologiques envisagées dans ce travail de recherche pour aboutir à un système sensible et sélectif pour la détection de traces d'explosifs dans l'air.

2 Techniques courantes de détection d'explosifs et de leurs dérivés

A l'heure actuelle, différentes techniques sont utilisées pour la détection et la quantification d'explosifs dans l'air. En particulier, nous pouvons distinguer les techniques dites ''de laboratoire'' et les dispositifs plus récents de type micro-systèmes ou micro-capteurs chimiques.

2.1 Techniques d'analyses de laboratoire

Parmi les différentes techniques de laboratoire utilisées pour la détection d'explosifs, nous pouvons citer :

- La chromatographie en phase gazeuse couplée à la spectrométrie de masse. Ici, l'identification des composés cibles est basée sur leur temps de rétention et également sur l'interprétation du spectre de masse. Différents explosifs et leurs marqueurs (trinitrotoluène (TNT), ortho-nitrotoluène (ONT), 2,4 dinitrotoluène (2,4 DNT), cyclotriméthylènetrinitramine (RDX), …) peuvent être analysés à l'aide de cette technique classique de laboratoire [1-3].

- La spectrométrie à mobilité ionique (IMS) est également utilisée pour caractériser un échantillon contaminé par des explosifs.

  Dans ce cas, les molécules ionisées vont se déplacer à des vitesses différentes qui dépendent de la nature de l'ion. Ce type d'appareillage permet la détection de plusieurs composés explosifs comme le TNT et le RDX [4-7].

- La spectroscopie infrarouge (IR) permet également d'identifier la présence d'explosifs dans divers échantillons gazeux grâce à la présence de la bande caractéristique de la vibration de la liaison N-O du groupement NO_2 localisée à 700 cm^{-1} [8].

Les différentes techniques évoquées ci-dessus sont performantes puisqu'elles permettent d'accéder à des limites de détection relativement faibles (< 1 ppb pour le TNT, < 50 ppb pour le 2,4 DNT).

Néanmoins, ces systèmes de détection et de quantification d'explosifs sont généralement peu mobiles du fait de leur encombrement et des servitudes associées (alimentation fluide, nécessité de vide secondaire pour certaines d'entre elles).

Ainsi, l'analyse des échantillons ne s'effectue pas directement sur le site contaminé et nécessite donc des prélèvements. Dans ce cas, il devient difficile d'obtenir d'une part une cartographie précise d'une zone sensible et d'autre part d'effectuer des analyses en temps réel.

Dans ce contexte, on assiste depuis plusieurs années au développement de dispositifs de détection miniaturisés, censés offrir les mêmes performances en termes de détection d'explosifs ou autre polluants que les techniques de laboratoire plus classiques.

Le paragraphe suivant recense les principaux dispositifs miniaturisés utilisés pour la détection d'explosifs.

2.2 Micro-capteurs chimiques pour la détection d'explosifs

Nous pouvons distinguer trois types de dispositifs miniaturisés utilisés pour la détection de polluants et plus particulièrement pour la détection d'explosifs.

Les capteurs à ondes acoustiques de surface (SAW), les micro-leviers et les capteurs de type résistif. Chaque capteur présente un mode de fonctionnement bien spécifique que nous allons présenter ici.

2.2.1 Capteurs à ondes acoustiques de surface (SAW)

Le principe de fonctionnement de ces micro-capteurs chimiques repose sur la variation de la vitesse de propagation d'une onde en surface d'un matériau piézoélectrique en fonction de la composition chimique du milieu.

En règle générale, une couche sensible et sélective au gaz cible est déposée sur le matériau piézoélectrique (Quartz). Les molécules de la phase gazeuse s'adsorbent sur la surface à température ambiante modifiant ainsi la vitesse de propagation de l'onde.

La figure I-1 représente un exemple de capteur SAW développé pour la détection d'explosifs [9].

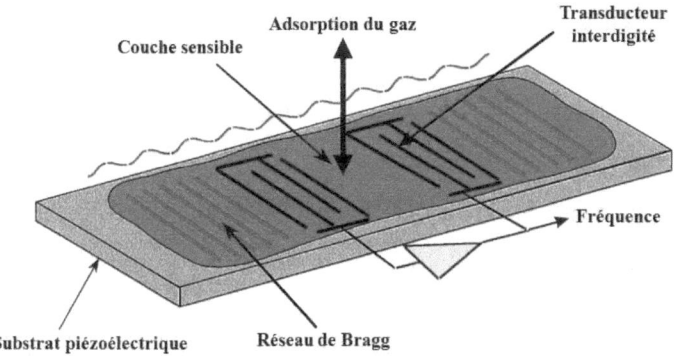

Figure I-1 : Schéma d'un capteur à onde acoustique de surface (SAW) [9]

Différents matériaux peuvent être utilisés pour adsorber les molécules d'explosifs. À titre d'exemple, des films de polymères chimiosélectifs comme le poly(1-(4-hydroxy-4-trifluorométhyl-5,5,5-trifluoro)pent-1-enyl)méthylsiloxane (SXFA), le fluoropolyol (FPOL), le poly(méthyl(3,5-bis(hexafluoroisopropanol)phényl)siloxane) (SXPHFA) et le polybis-(phenpropyl)silylènepropylène (CS3P2) ont été testés pour détecter le trinitrotoluène (TNT) et d'autres composés nitroaromatiques à faible concentration (de quelques ppb à quelques ppt) [9, 10].

D'autres polymères ont également été déposés à la surface de capteurs SAW pour la détection d'explosifs comme le Carbowax-1000 (polyéthylène glycol) et le polydiméthylsiloxane (PDMS). Ainsi, une réponse à 253 ppb de 2,4 DNT a été obtenue avec un capteur revêtu par une couche de Carbowax-1000 [11, 12].

Un travail breveté a été réalisé avec des films minces de polytrifluoropropylméthylsiloxane et de polycyanopropylméthylsiloxane déposés à la surface de capteurs de type micro-balance à quartz pour la détection de vapeurs de dinitrofluorométhoxybenzène (DNTFMB) et de dinitrobenzène (DNB). Ces deux composés sont reconnus comme étant des dérivés du trinitrotoluène (TNT). Les concentrations de vapeurs détectées

23

de DNTFMB et DNB avec le polytrifluoropropylméthylsiloxane sont respectivement de 3 ppm et de 150 ppb. Avec le polycyanopropylméthylsiloxane, la concentration détectée de DNTFMB est égale à 100 ppb [13].

Les travaux du Commissariat à Energie Atomique (CEA) ont permis de réaliser un système multi-capteurs formé par 4 micro-balances à quartz pour la détection de vapeurs d'explosifs (2,4 DNT, TNT et le tétranitrate de pentaérythritol (PETN)). Trois polymères déposés par spray coating ont été utilisés avec ces capteurs qui sont le polypentiptcyène (PP), la phtalocyanine de zinc (PcZn(Ooct)$_8$) et le polycyanopropylméthylsiloxane (PCN). Les résultats ont montré que l'utilisation de ce système multi-capteurs a permis d'augmenter la sensibilité vis-à-vis des explosifs. La micro-balance à quartz recouverte par une couche de PP apparaît comme étant la plus réactive pour la détection de TNT et PETN à 7 ppb et 18 ppt respectivement (**Figure I-2**) [14, 15].

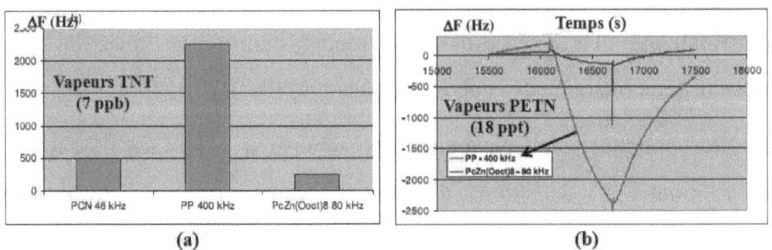

Figure I-2 : Réponses des micro-balances à quartz revêtues par les couches sensibles en présence de (a) TNT, (b) PETN [14]

Des couches sensibles obtenues par greffage d'anticorps à la surface de capteurs SAW ont permis de détecter la présence d'explosifs dans l'air (TNT, RDX) (**Figure I-3**). La partie active de ces anticorps réagit avec la molécule induisant ainsi une variation de la propagation de l'onde à la surface du capteur. Ainsi, une quantité de 50 pg de TNT adsorbée sur le capteur SAW a été mesurée et détectée [16].

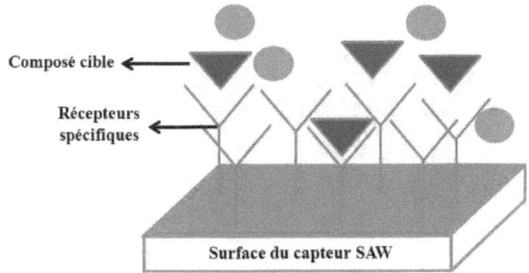

Figure I-3 : Représentation schématique du capteur à base d'anticorps

Enfin, d'autres matériaux comme les cyclodextrines (polymères) sont aussi utilisés comme couches sensibles à la surface de capteurs SAW pour la détection d'explosifs (TNT, ortho-nitrotoluène, 2,4 DNT) [16, 17].

2.2.2 Capteurs de type micro-levier

Le principe de fonctionnement de ce type de capteurs repose sur la mesure de la variation de la fréquence de vibration d'un levier suspendu en fonction de l'atmosphère environnante.

Ces micro-leviers sont revêtus d'une couche spécifique permettant l'adsorption de composés cibles. La présence du gaz à détecter engendre alors une variation de masse du micro-levier et donc une modification de flexion de ce dernier.

Des couches à base de zéolithes (zéolithe Bêta, zéolithe Y (FAU), zéolithe MFI), de polymères (SXFA, FPOL) et de nanotubes de carbone peuvent être utilisées comme matériaux sensible à la surface de micro-leviers pour la détection d'explosifs.

Un micro-levier sur silicium a été réalisé par Urbiztondo et al. [19, 20] (**Figure I-4**) pour la détection d'un traceur d'explosif (ONT). La zéolithe Bêta fonctionnalisée par le cobalt (Co-BEA) utilisée comme couche sensible a montré une grande affinité vis-à-vis de l'ortho-nitrotoluène. Une concentration de 0,5 ppm a été détectée par ce type de capteur à température ambiante.

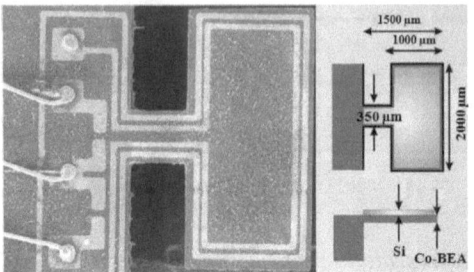

Figure I-4 : Vue de dessus d'un micro-levier avec les principales dimensions [19]

Des polymères comme le SXFA et FPOL ont été utilisés comme films sensibles et testés avec le 2,4 dinitrotoluène. Une limite de détection de l'ordre de 0,3 ppb de 2,4 dinitrotoluène est obtenue avec un micro-levier en silicium recouvert par une couche spécifique de SXFA [21].

Dans un récent travail, un micro-levier revêtu de nanotubes de carbone (longueur de 70 µm, largeur de 30 µm et épaisseur de 1,6 µm) a été fabriqué sur silicium pour la détection de vapeur de TNT. Les nanotubes de carbone (CNTs) ont été dans ce cas synthétisés in-situ sur la surface du micro-levier. Une limite de détection équivalente à 2,4 pg de TNT a été obtenue [22].

2.2.3 Capteurs chimiques résistifs

Le principe de fonctionnement des capteurs chimiques résistifs est relativement simple puisqu'il consiste à mesurer la variation de résistance d'un matériau semi-conducteur lorsque ce dernier est exposé aux composés à analyser.

26

Un travail portant sur la réalisation de différents capteurs à base de ZnO pur et dopé par des nanoparticules de TiO_2, Sb_2O_3, WO_3 et V_2O_5 est présenté par Gui et al. pour la détection de 4 dérivés d'explosifs (NH_4NO_3, explosifs minéraux, acide picrique et 2,6 DNT) [23]. Les capteurs à base de ZnO dopés par WO_3 ont montré une bonne sensibilité aux composés oxydants (NH_4NO_3, explosifs minéraux, acide picrique). Par contre, pour le 2,6 DNT qui est un composé réducteur, des réponses significatives ont été obtenues avec les capteurs à base de ZnO pur et dopé par TiO_2. Pour les 4 explosifs, une concentration de l'ordre de 3 ppb a été détectée avec les capteurs à base de ZnO dopé.

Une étude plus récente mentionne l'utilisation de matrices de capteurs SnO_2 pour la détection de vapeurs de trinitrotoluène, de cyclotriméthylènetrinitramine et de tétranitrate de pentaérythritol [24]. Deux matrices formées chacune de 12 capteurs SnO_2 fonctionnant en parallèle ont été utilisées (**Figure I-5**).

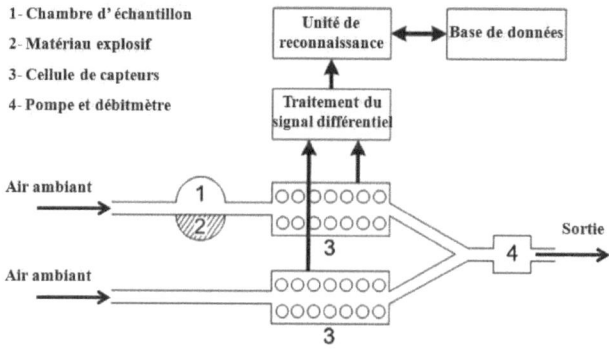

Figure I-5 *: Schéma du nez électronique différentiel utilisé pour la reconnaissance d'explosifs [24]*

Les expériences réalisées avec ce système de reconnaissance d'explosifs ont montré une bonne performance de détection des composés TNT, RDX et PETN.

Un autre travail a été réalisé avec un capteur SnO_2 pour la détection de vapeurs de peroxyde d'acétone (triacétone triperoxyde TATP). Une concentration de 8 ppm de TATP a été détectée [25].

Au vue de ces études, nous constatons qu'il existe un réel potentiel d'utilisation de capteurs chimique de type résistif pour la détection d'explosifs dans l'air.

Parmi ces micro-capteurs chimiques résistifs, nous distinguons tout particulièrement les capteurs à base de dioxyde d'étain (SnO_2). Ces dispositifs existent sur le marché depuis la fin des années 1960 et sont très étudiés dans différentes équipes de recherche.

Ces capteurs chimiques de gaz à base d'oxyde semi-conducteur sont très répandus puisqu'ils possèdent plusieurs avantages à savoir un faible coût, une bonne sensibilité envers de nombreux composés chimiques et la possibilité de les miniaturiser.

Notons également que ces micro-capteurs ne nécessitent pas de système annexe pour l'acquisition du signal (analyseur de réseau pour mesurer la fréquence). Par ailleurs, ils sont relativement stables dans le temps.

Ces différents constats nous ont donc conduit à sélectionner ce type de capteur chimique pour la détection de traces d'explosifs dans l'air.

Le paragraphe suivant s'attachera à présenter plus en détail les capteurs à base de dioxyde d'étain en pointant tout particulièrement leur limite d'utilisation.

3 Capteurs chimiques à base de SnO_2

3.1 Principe de fonctionnement et limite d'utilisation

Le dioxyde d'étain est un semi-conducteur extrinsèque de type N, c'est-à-dire qu'il présente une conductivité de type électronique. La conductance de ce type de matériau dépend à la fois de sa température mais également de la nature et de la composition chimique de la phase gazeuse environnante.

En règle générale, ces capteurs de gaz sont composés d'un élément sensible (SnO_2) déposé sur une résistance de chauffe et d'électrodes de mesures pour suivre la variation de la conductance du SnO_2.

L'élément sensible peut être obtenu soit par frittage d'une poudre de SnO_2, soit par couche mince en utilisant des techniques de dépôts sous vide (PVD) ou de synthèse par voie sol-gel.

La figure I-6 montre deux exemples de capteurs à base de SnO_2. Le premier est un capteur commercial de type Taguchi Gas Sensor (TGS). Le second est un dispositif élaboré sur silicium.

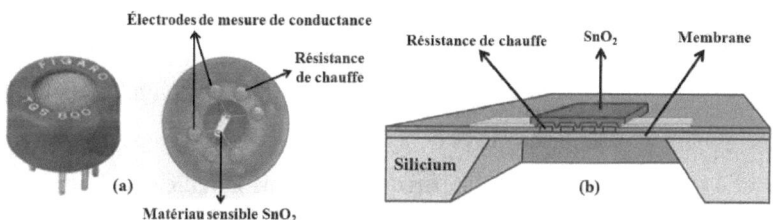

Figure I-6 : *(a) Capteurs TGS 800, (b) Schéma d'un capteur usiné sur silicium*

Les mécanismes de détection des composés chimiques réducteurs par des matériaux à base de dioxyde d'étain peuvent être résumés par différentes étapes distinctes.

Tout d'abord, sous air, le dioxyde d'étain se recouvre d'espèces oxygènes dont la nature dépend de la température du matériau sensible (O^-, O_2^-, ...) [26, 27].

L'adsorption de ces espèces oxygènes va induire l'apparition de barrières de potentiel au niveau des zones intergranulaires. Ces barrières vont ainsi limiter le passage des électrons entre les différents grains de SnO_2. La conductance est alors $G°$ (conductance sous air).

En présence d'un composé réducteur (G_R) dans l'atmosphère, ce dernier va réagir avec les espèces oxygènes de surface (O^- et/ou O_2^-).

$$G_R + O^- \rightarrow G_RO + e^-_{b.\,c.}$$

$$2G_R + O_2^- \rightarrow 2G_RO + e^-_{b.\,c.}$$

Les électrons libérés par les groupements oxygénés sont ensuite cédés à la bande de conduction (b. c.) du SnO_2. Cette réaction conduit à une diminution du taux de recouvrement en O^- et/ou O_2^- provoquant ainsi l'abaissement de la hauteur de la barrière de potentiel et donc la diminution de la résistance du matériau favorisant le déplacement des électrons. Ce changement se traduit par une augmentation temporaire de la conductance du SnO_2 ($G > G°$).

Dans le cas d'une interaction réversible, le retour à l'état initial $G°$ (surface des grains de SnO_2 recouverte par les espèces oxygènes) est obtenu lorsqu'il n'y a plus de molécules réductrices dans le milieu environnant et que les espèces oxygènes sont à nouveau adsorbées en surface du matériau [28-30]. La figure I-7 présente schématiquement le mécanisme de détection d'une molécule réductrice par du SnO_2.

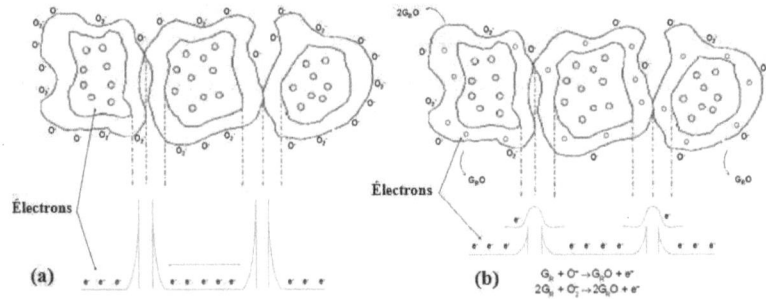

Figure I-7 : *Représentation schématique du mécanisme de détection en présence d'un gaz réducteur avec évolution de la barrière de potentiel entre (a) sous air et (b) sous gaz [30]*

Sur la base de ce principe de fonctionnement, on constate que toute espèce chimique pouvant réagir avec les espèces oxygènes pré-adsorbées induit une réponse électrique mesurable [31, 32].

Bien que présentant en règle générale une bonne sensibilité, ces micro-capteurs souffrent néanmoins d'un manque de sélectivité lors de l'utilisation en présence de mélange de composés chimiques. En effet, dans le cas de l'analyse d'un mélange de différents gaz ou vapeurs, la réponse électrique observée sera une réponse globale résultant de l'interaction simultanée de chaque composé présent dans l'échantillon. Il est alors difficile d'identifier la contribution de chaque espèce sur une simple réponse électrique.

Dans ce cadre, de nombreux laboratoires conduisent des études destinées à améliorer la sélectivité des capteurs chimiques résistifs à base d'oxyde métalliques.

En règle générale, l'objectif consiste soit à modifier la surface du matériau, soit à utiliser plusieurs capteurs simultanément pour caractériser l'atmosphère à analyser.

Le tableau suivant résume les différentes voies exploitées par différentes équipes de recherche pour améliorer la sélectivité de ces capteurs.

Solutions proposées	Limite d'utilisation	Composés étudiés
Contrôle de la température du SnO_2 [33-35]	- Sélectif pour deux voire trois composés seulement - Non sélectif pour des composés ayant des températures optimales de fonctionnement proches	CH_4, C_2H_5OH, CO, NO_2, C_3H_6O
Ajout de dopant : Pt, Pd, ... [29, 36, 37]	Dépend de l'homogénéité du dopant sur la surface du capteur et sa sensibilité vis-à-vis des composés cibles	CO, NO, NO_2, CH_4, C_2H_5OH, H_2, C_3H_8
Utilisation de filtres catalytiques et physiques : filtres de type charbon, zéolithe, silice, ... [30, 38-44]	- Saturation de la couche déposée - Stabilité thermique des membranes	CO, CH_4, C_2H_5OH, H_2, PH_3, H_2O, C_6H_{14}, C_2H_4, C_3H_8
Matrices multi-capteurs [30, 45, 46]	Nécessite un système de pilotage et de traitement du signal complexe	CO, CH_4, CO_2, C_6H_6

Tableau I-1 : *Solutions proposées pour résoudre le problème de sélectivité des capteurs résistifs à oxyde semi-conducteur*

Les différentes voies proposées et présentées ci-dessus pour améliorer la sélectivité des capteurs à base de dioxyde d'étain (SnO_2), consiste à travailler sur le capteur lui-même afin d'accéder à un niveau suffisant de sélectivité.

Cependant, en marge de ces travaux sur les capteurs, d'autres études s'intéressent au développement de dispositifs annexes qui visent à améliorer à la fois la sensibilité et la sélectivité. Dans ce cas, l'idée consiste à utiliser un préconcentrateur de gaz et/ou une colonne chromatographique en amont du capteur SnO_2. Ces dispositifs permettent de concentrer les composés cibles puis de les trier avant leur détection avec le matériau sensible. Cette voie consiste à ne pas modifier la surface sensible du capteur SnO_2 mais à travailler en amont de ce dernier.

Quelques études ont été réalisées pour obtenir un système de détection sensible et sélectif sans modifier la surface sensible du capteur à base de dioxyde d'étain (SnO$_2$). Généralement, ces études ont porté sur la détection des composés organiques volatils (BTEX) [30, 46-50].

C'est donc cette approche qui consiste à travailler en amont du capteur à base de dioxyde d'étain que nous allons exploiter au cours de ce travail de thèse.

Avant de présenter en détail les solutions technologiques envisagées dans ce projet, il est nécessaire de faire un bilan des différentes réalisations dans le domaine des préconcentrateurs et des colonnes chromatographiques miniaturisés.

Ce bilan permettra entre autre de définir les dimensions des dispositifs miniaturisés envisagés dans ce projet et d'identifier les adsorbants et les phases stationnaires à utiliser.

4   Micro-préconcentrateur de gaz

Dans un premier temps, nous allons présenter le principe de fonctionnement d'un préconcentrateur. Ensuite, les différentes géométries développées seront décrites pour finalement terminer avec un inventaire des matériaux adsorbants utilisés dans ces dispositifs.

4.1   Principe de fonctionnement

Le principe de fonctionnement d'un préconcentrateur comporte deux principales étapes. La première consiste à adsorber, à température ambiante, les molécules d'un composé cible sur un adsorbant spécifique. La seconde étape consiste à désorber les molécules par application d'un pulse de température contrôlée. Ce processus permet de concentrer une grande quantité de composé cible avant d'être délivrée au détecteur, ce qui augmente considérablement l'efficacité de détection [51-54].

La figure I-8 représente le schéma du mécanisme d'adsorption et de désorption d'un composé cible sur un préconcentrateur.

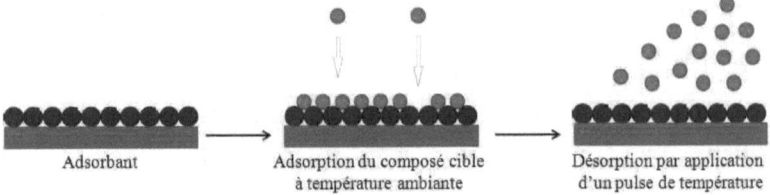

Figure I-8 : *Fonctionnement d'un préconcentrateur chimique*

L'efficacité d'un préconcentrateur repose sur trois principaux paramètres [55, 56] :

- la nature de l'adsorbant,
- les conditions expérimentales utilisées durant les cycles d'adsorption et de désorption,
- la géométrie de l'unité de préconcentration.

4.2 Conceptions et réalisations de préconcentrateurs

Les préconcentrateurs sont des dispositifs étudiés depuis de nombreuses années [57-60].

La figure I-9 représente un exemple de tubes classiques de préconcentration appelés 'Microtraps' [61-63].

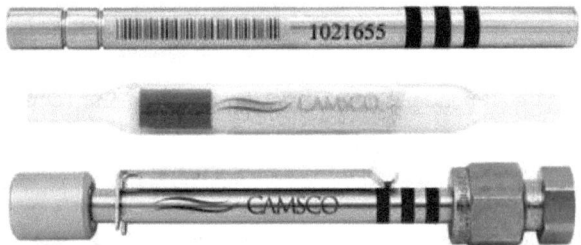

Figure I-9 : *Exemples de tubes de préconcentration commercialisés par CAMSCO [64, 65]*

Ces tubes sont remplis par un ou plusieurs adsorbants puis utilisés pour faire l'échantillonnage de différentes atmosphères. Ils sont équipés d'une résistance électrique permettant le chauffage de l'adsorbant durant la phase de désorption.

Les inconvénients de ces tubes résultent du fait qu'ils possèdent une faible efficacité de chauffage due à leur grande inertie thermique et leur coût est relativement élevé [59, 66-71].

Les avancées récentes dans le domaine des micro-technologies ont permis d'envisager le développement de micro-préconcentrateurs intégrés sur silicium.

Le paragraphe suivant va recenser les géométries de micro-préconcentrateurs développés par différentes équipes de recherche, en évoquant également les molécules étudiées et les adsorbants utilisés.

En particulier, nous allons distinguer ici deux types de micro-préconcentrateurs : les micro-systèmes de type plan et tridimensionnels (3D).

4.2.1 Préconcentrateurs à géométries planes

Ces dispositifs sont constitués d'un support équipé d'une résistance de chauffe sur lequel est déposé un adsorbant spécifique. Le support chauffant peut être réalisé en alumine, en silicium, ou encore en polyimide qui est un polymère reconnu pour sa stabilité thermique [72]. En règle générale, ces systèmes plans sont positionnés dans une cellule permettant de faire circuler le flux chargé des molécules à adsorber.

Le laboratoire Sandia a conçu un préconcentrateur planaire réalisé sur silicium. La zone active de ce préconcentrateur est équipée d'une résistance chauffante déposée sur une membrane de nitrure de silicium. Elle présente une surface de 2,2 mm × 2,2 mm et une épaisseur de 0,5 µm et est revêtue par un dépôt de charbon actif (**Figure I-10**) [73, 74].

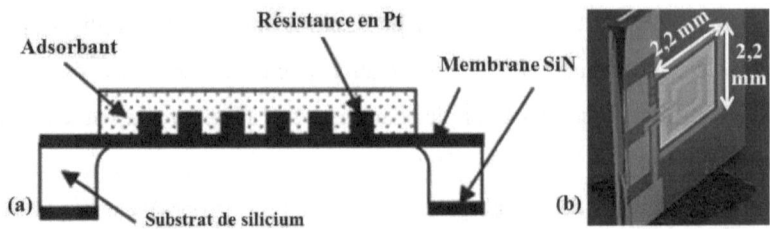

Figure I-10 : (a) *Vue en coupe d'un préconcentrateur plan conçu par le laboratoire Sandia,* (b) *Dimensions de la surface active [73, 74]*

Ce préconcentrateur a été couplé à quatre capteurs chimiques de type résistif. Les couches sensibles de ces capteurs sont à base des films de poly(éthylène-acétate de vinyle) (PEVA) imprégnés par des particules de carbone pour la détection de xylène et d'agents toxiques de combat chimiques (méthylfluorophosphonate de pinacolyle). Une limite de détection de 60 ppb a été mesurée pour le xylène [73-76].

Un préconcentrateur à base de polyimide a été réalisé (**Figure I-11**). L'adsorbant constitué par le polymère carbosilane fonctionnalisé par l'hexafluoroisopropanol (SC-F101) est déposé sur une résistance chauffante en platine. Ce préconcentrateur a été utilisé avec un spectromètre à mobilité ionique pour la détection de 2,6 ppt de RDX et de 13 ppt de TNT [77-80].

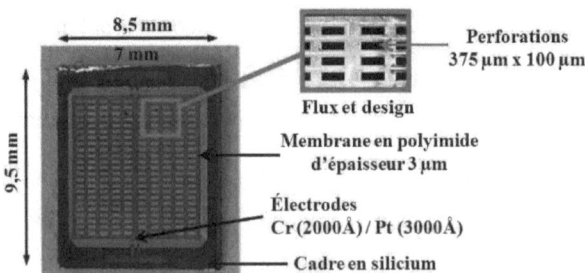

Figure I-11 : Préconcentrateur réalisé sur un support en polyimide [80]

Un autre préconcentrateur planaire a été fabriqué sur silicium en utilisant la technologie de fabrication de composants électroniques CMOS (Complementary Metal Oxide Semiconductor) [81]. Il est constitué d'un réseau de résistances de chauffe. La puce présente une dimension de 4 mm × 4 mm avec une surface active de 3,4 mm × 3,4 mm (**Figure I-12**) et est revêtu par du carbosilane fonctionnalisé. Ce préconcentrateur est couplé avec un spectromètre à mobilité ionique et testé vis-à-vis du diméthylméthylphosphonate (DMMP) et du TNT. Une concentration de 20 ppt de TNT a été détectée [54, 81, 82].

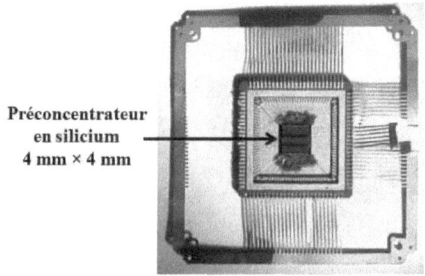

Figure I-12: *Préconcentrateur planaire utilisant la technologie CMOS* *[81]*

Les travaux de recherche de Blanco et al. [83], ont permis de développer un préconcentrateur planaire sur un substrat d'alumine de dimension 1 cm × 1 cm, équipé d'une résistance de chauffe en platine. Du charbon actif a ensuite été déposé par airbrushing sur le support en alumine pour la concentration du benzène (**Figure I-13**). Ce préconcentrateur a été caractérisé par un système GC/MS pour la détection du benzène. Une limite de détection de 150 ppb a été obtenue.

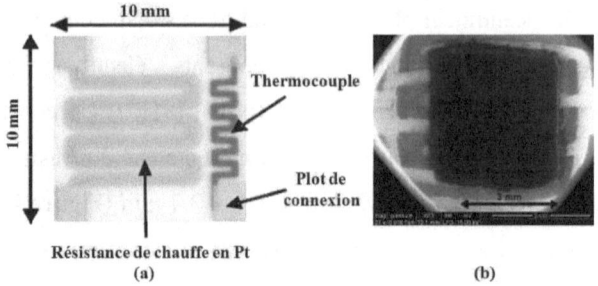

Figure I-13 : (a) Substrat d'alumine, (b) Dépôt de charbon actif [83]

Des études réalisées par Lahlou et al. [51] ont permis de développer des préconcentrateurs planaires sur des substrats de silicium (**Figure I-14**) pour la concentration du benzène et du 1,3 butadiène [84-86].

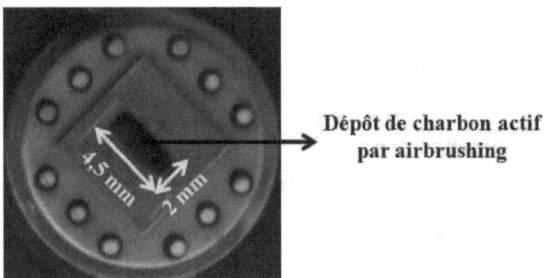

Figure I-14 : Préconcentrateur planaire sur un substrat de silicium [86]

Le préconcentrateur consiste en une membrane plane rectangulaire (longueur de 4,5 mm et largeur de 2 mm) dotée d'une résistance de chauffe en platine déposée par pulvérisation cathodique [86]. Le dépôt de charbon actif sur le substrat a été réalisé par airbrushing. Le préconcentrateur a été testé avec un détecteur à ionisation de flamme (FID) puis avec un capteur à base de dioxyde d'étain (SnO_2). Des concentrations de l'ordre de 100 ppb de benzène et de 500 ppb de 1,3 butadiène ont été détectées [84].

L'avantage de ces différents dispositifs planaires réside principalement dans l'étape de dépôt de l'adsorbant. En effet, ce dernier peut être déposé par airbrushing [51] ou encore par des techniques sol-gel [74, 75, 80], procédés permettant de maîtriser parfaitement le dépôt de l'adsorbant (épaisseur).

Néanmoins, l'inconvénient de ces préconcentrateurs planaires réside principalement dans l'important volume mort au dessus de la surface de l'adsorbant. Ce volume est essentiellement dû au fait que pour utiliser le préconcentrateur, ce dernier est positionné dans une cellule pour pouvoir faire circuler le gaz chargé des molécules à concentrer.

Pour limiter ces volumes morts et favoriser le passage de gaz dans l'adsorbant, des micro-systèmes tridimensionnels utilisant la technologie silicium/verre ont été envisagés.

4.2.2 Préconcentrateurs à cavités tridimensionnelles (3 D)

Afin d'améliorer les performances des micro-préconcentrateurs, d'autres conceptions intégrées sur silicium sont proposées. Ces structures consistent en une micro-cavité usinée sur un wafer de silicium puis refermée par une plaque de Pyrex.

L'adsorbant est ensuite inséré dans la micro-cavité à l'aide d'une seringue ou par aspiration par le biais de capillaires.

Dans un premier temps, nous nous focaliserons sur le développement de préconcentrateurs comportant une cavité de préconcentration remplie par un seul adsorbant. Ces dispositifs sont généralement utilisés pour l'adsorption d'une seule molécule cible. Ensuite, nous aborderons la description de dispositifs comportant des cavités remplies par plusieurs adsorbants.

Des préconcentrateurs à structure tridimensionnelle ont été réalisés par le laboratoire Sandia pour la détection de diméthylméthylphosphonate (DMMP) [74]. Du carbone nanoporeux a été utilisé comme adsorbant. Deux designs ont été développés. L'un avec un flux d'entrée parallèle, l'autre avec un flux d'entrée perpendiculaire à la micro-cavité (**Figure I-15**).

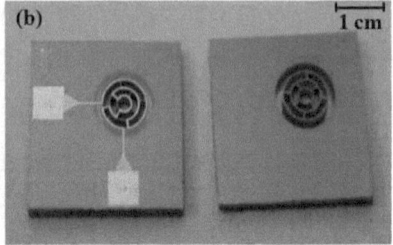

Figure I-15 : Préconcentrateurs à structure 3D (a) Design à flux parallèle,
(b) Design à flux perpendiculaire [74]

Ces travaux ont notamment montré que la configuration avec un flux d'entrée parallèle présente de meilleures performances en terme de concentration du polluant. Ceci étant lié à la distribution homogène du flux de gaz dans la structure poreuse de l'adsorbant. Avec ce design, un pic de désorption étroit est obtenu [74].

Une autre équipe américaine a proposé de nouvelles géométries de micro-préconcentrateurs présentant dans la micro-cavité des structures à base de micro-piliers carrés ou micro-piliers allongés [55, 87, 88].

Le micro-préconcentrateur est dans ce cas utilisé comme injecteur dans un chromatographe en phase gazeuse pour montrer sa capacité à concentrer un mélange d'hydrocarbures. Les dimensions extérieures de chaque cavité sont 7 mm × 7 mm × 1 mm. Le volume intérieur total de ce préconcentrateur est d'environ 6,5 µL. Il est équipé d'une résistance de chauffe Ti/Pt déposée au dos d'une cavité contenant 3500 micro-piliers allongés dont chacun a une dimension de 30 µm × 120 µm × 240 µm (**Figure I-16**).

Figure I-16 : Structure d'un micro-préconcentrateur à micro-piliers allongés [88]

Un nouveau design de micro-préconcentrateur destiné à la détection de l'éthylène a été réalisé sur silicium [89, 90]. Ce préconcentrateur est composé de 16 micro-canaux usinés dans le silicium et présentant une largeur de 270 µm, une longueur de 3 mm et une épaisseur de 540 µm. Des micro-filtres sont positionnés à la sortie du dispositif pour empêcher l'adsorbant de s'échapper du préconcentrateur (**Figure I-17**). Le micro-préconcentrateur, rempli par le Carboxen 1000®, est couplé à un détecteur à photoionisation (PID) puis utilisé pour l'adsorption de 100 ppb d'éthylène.

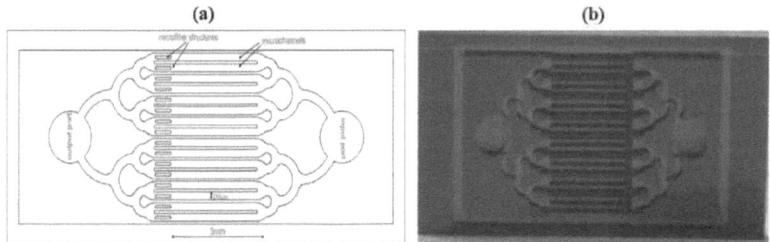

Figure I-17 : (a) Schéma du préconcentrateur, (b) Vue de dessus du dispositif [89, 90]

L'équipe de Pijolat et al. [47] a également développé des micro-préconcentrateurs usinés sur silicium pour l'adsorption du benzène. La figure I-18 présente deux exemples de micro-préconcentrateurs avec leurs designs.

Figure I-18 : Schéma des deux formes de micro-préconcentrateurs : avec canaux rectilignes (à gauche) ou comportant des écailles (à droite) [47]

Ces deux designs sont développés afin de contrôler le dépôt de l'adsorbant dans la cavité lors de la phase de remplissage. Ils présentent une largeur de 10 mm, une longueur de 20 mm et une profondeur de 120 µm. Les structures sont usinées par DRIE puis recouvertes par soudure anodique avec du Pyrex. La cavité de concentration est remplie par de la nano-poudre de carbone. Les micro-préconcentrateurs sont utilisés pour la concentration de 100 et 1,3 ppm de benzène et ils sont testés avec un capteur TGS et un détecteur par photoionisation (PID).

Toujours dans la même équipe, un récent travail de recherche effectué par Camara et al. [48] a porté sur la réalisation de différents designs de micro-préconcentrateurs pour la détection du benzène et du nitrobenzène. La figure I-19 présente les différentes formes développées.

Figure I-19 : Photos des trois designs de micro-préconcentrateurs : Neutre (gauche), Parallèle (centre) et Chicane (droite) [91]

Les trois dispositifs possèdent une longueur de 15 mm, une largeur de 10 mm et une profondeur de 325 μm. Les différentes formes ont été développées pour étudier la diffusion du gaz au sein de la cavité et également obtenir une couche homogène d'adsorbant lors de la phase de remplissage par la nanopoudre de carbone. Le micro-préconcentrateur présentant des chicanes s'est comporté comme étant le plus performant du fait de l'homogénéité du dépôt d'adsorbant formé et de la bonne distribution du flux de gaz dans la cavité. Une concentration de 250 ppb de benzène a été détectée.

Un préconcentrateur composé d'un réseau d'éléments de chauffage thermiquement isolé est décrit par Tian et al. [92, 93]. Dans ce cas, les résistances de chauffe sont séparées entre elles par un espace de 220 μm. Pour améliorer l'isolation thermique du dispositif, un espace vide de 500 μm est créé autour de ces résistances (**Figure I-20**). Dans ce préconcentrateur, l'unité de préconcentration possède une dimension de 3 mm × 3 mm et est remplie par le Carbopack X®. La structure est prise en sandwich entre deux plaques de Pyrex avec des canaux d'entrée et de sortie. La caractérisation de ce micro-préconcentrateur est réalisée par un détecteur à ionisation de flamme (FID) et en présence de 25 ppb d'un mélange de benzène, toluène, m-xylène et α-pinène.

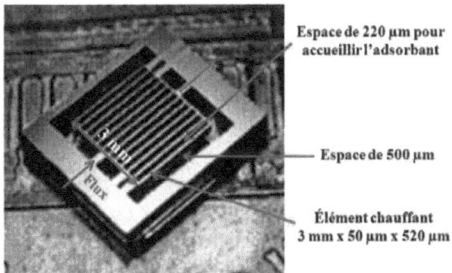

Figure I-20 : Préconcentrateur formé par un réseau d'éléments de chauffage [92]

Un autre travail récent visant à utiliser des micro-préconcentrateurs dans le domaine médical est réalisé par Li et al. [94]. L'objectif est d'analyser l'haleine de patients pour le diagnostic du cancer du poumon à des stades précoces. L'étude rapporte la réalisation d'un micro-préconcentrateur pour piéger sélectivement les cétones et les aldéhydes de l'air expiré. Le micro-préconcentrateur est constitué de milliers de micro-piliers qui forment un réseau couvrant une surface de 7 mm × 5 mm. Le volume total de l'espace vide est d'environ 5 µL. La surface des micro-piliers est fonctionnalisée par un sel d'ammonium quaternaire (2-(aminooxy) éthyl-N,N,N-triméthylammonium iodide (ATM)) afin de piéger les composés carbonylés à travers le micro-préconcentrateur par l'intermédiaire d'une réaction d'oximation. La figure I-21 présente le dispositif développé et la réaction chimique mise en jeu pour piéger les composés cibles.

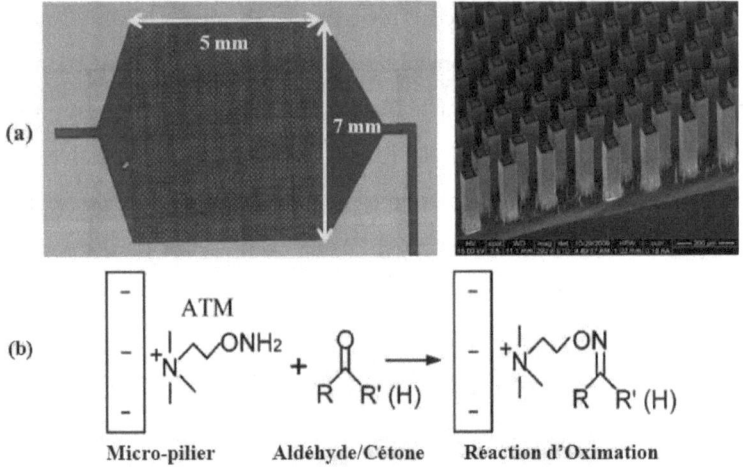

Figure I-21 : (a) Micro-préconcentrateur constitué de micro-piliers, (b) Réaction d'oximation entre l'ATM et les composés carbonylés [94]

Les micro-préconcentrateurs développés et mentionnés ci-dessus consistent en une micro-cavité remplie par un seul matériau adsorbant et sont destinés à adsorber un seul gaz cible.

Pour augmenter la gamme de polluants à détecter, des micro-préconcentrateurs avec des cavités contenant plusieurs adsorbants sont également en cours d'étude.

Le micro-préconcentrateur est dans ce cas conçu pour contenir différents adsorbants, où chaque adsorbant, selon ses caractéristiques poreuses, permet d'adsorber un type de composé [95-97].

Un exemple de ce type de dispositif est rapporté dans les travaux de Sukaew et al. [98, 99]. Un module de préconcentration a été développé et conçu pour être intégré à un micro-chromatographe en phase gazeuse (µGC) pour la détection in situ de composés organiques volatils. Ce module est optimisé spécifiquement pour détecter sélectivement et à faibles concentrations, le trichloréthylène (TCE) dans l'air.

Il se compose de trois éléments disposés en série et chargés par des adsorbants de natures différentes (**Figure I-22**) afin de piéger les molécules selon leurs pressions de vapeur saturante.

Deux éléments sous forme de tubes sont utilisés comme pré-filtres devant un micro-préconcentrateur. Ce dernier est formé par une cavité usinée sur silicium et ayant les dimensions suivantes : L = 9,76 mm, l = 4,18 mm et h = 0,6 mm. La résistance de chauffe (titane-platine) est déposée sur la face arrière pour désorber le polluant. Ce module est couplé à un détecteur à capture d'électrons (ECD).

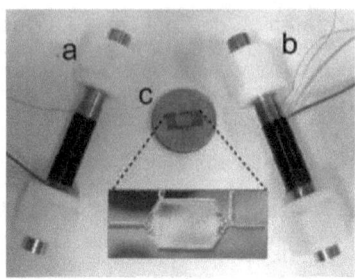

*Figure I-22 : (a) Pré-piège rempli par 50 mg de Carbopack B, (b)
Échantillonneur rempli par 100 mg de Carbopack X, (c) Micro-
préconcentrateur rempli par 2,3 mg de Carbopack X [98]*

Un autre exemple de micro-préconcentrateur à plusieurs adsorbants est
présenté sur la figure I-23 [93, 95, 96]. Dans ce cas, la cavité est divisée en
trois étages et chargée par trois types de charbons.

Les composés ayant des pressions de vapeurs comprises entre 0,01 et 0,29
Torr sont adsorbés et capturés par le Carbopack B® (100 m²/g) déposé dans
le premier étage. Ensuite, dans le deuxième étage, le Carbopack X® (250
m²/g) est placé pour adsorber les vapeurs dans la gamme de 29 à 95 Torr.
Finalement, le Carboxen 1000® (1200 m²/g) est déposé dans le troisième
étage pour piéger les composés ayant des pressions de vapeur comprises
entre 95 et 231 Torr.

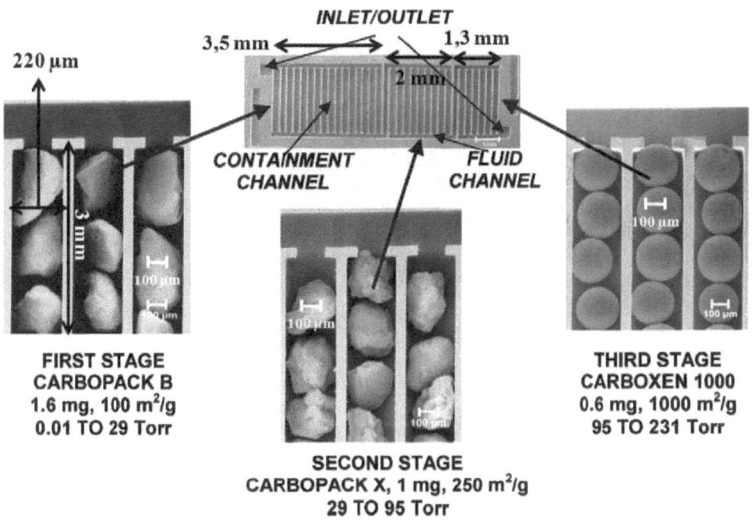

Figure I-23 : Préconcentrateur composé de trois étages et rempli par trois types d'adsorbants [95]

Toujours dans le domaine des préconcentrateurs 3D, d'autres géométries ont été étudiées.

Le groupe de recherche de Gracia et al. [46] a développé un micro-préconcentrateur de forme spirale. Le dispositif présente des dimensions de 10 cm × 300 µm × 300 µm (L × l × H) (**Figure I-24**). La résistance en platine est déposée sur le wafer de Pyrex qui est ensuite soudé au silicium.

Un couplage GC/MS et une matrice de capteurs à base de dioxyde d'étain ont été utilisés pour évaluer la capacité d'adsorption de ce micro-préconcentrateur vis-à-vis du benzène [46].

Figure I-24 : (a) Vue de face du µ-préconcentrateur en forme spirale rempli par le Carbopack X, (b) Micro-préconcentrateur vide, (c) Grains de Carbopack X [46]

Ce préconcentrateur a montré plusieurs inconvénients, en particulier, une perte de charge élevée et une mauvaise distribution du flux d'adsorption.

Un autre micro-préconcentrateur en forme spirale a été développé et testé avec un détecteur à ionisation de flamme (FID) pour l'analyse d'un mélange composé de benzène, toluène, éthyle benzène et xylène (BTEX). L'adsorbant à base de polymère (OV17®) est déposé dans les micro-canaux par spin coating, puis le dispositif est couvert par une plaque de quartz. L'élément chauffant est déposé sous l'adsorbant et protégé par une couche de verre [57].

La figure I-25 représente un schéma de la section de ce préconcentrateur et une vue de dessus.

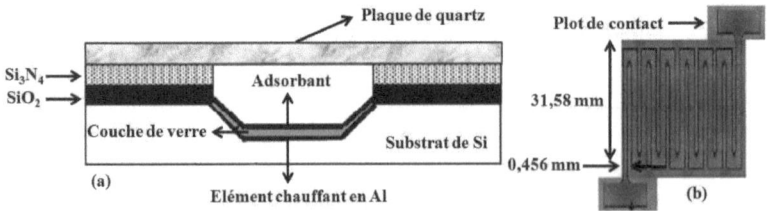

Figure I-25 : (a) Coupe transversale du canal usiné sur silicium, (b) Photographie du préconcentrateur [57]

Enfin, un micro-préconcentrateur usiné sur silicium a été conçu et fabriqué pour la concentration de l'acétone reconnu comme étant un des biomarqueurs du cancer du poumon.

Le dispositif de préconcentration présente des dimensions latérales de 2 cm × 2 cm et une épaisseur de 1,68 mm [100].

Le canal contenant l'adsorbant (Carboxen®) possède une longueur de 12 cm, une largeur de 300 µm et une profondeur de 300 µm. (**Figure I-26**). La réponse du système est obtenue à l'aide d'un GC/MS.

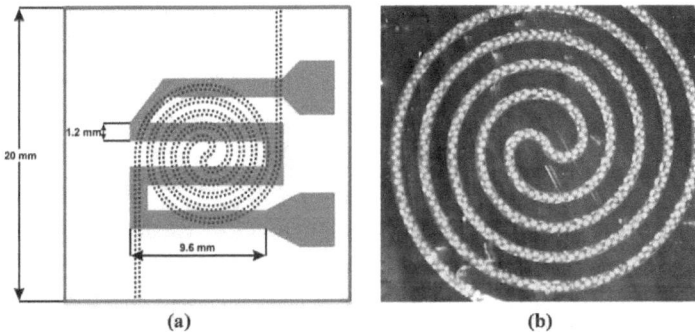

(a)   (b)

Figure I-26 : *(a) Schéma du micro-préconcentrateur avec une forme spirale du canal et la résistance chauffante en platine, (b) Photo du canal rempli par le Carboxen-1003® [100]*

Cet inventaire des différents micro-préconcentrateurs réalisés par plusieurs équipes de recherche montre que les techniques de salle blanche permettent de réaliser des micro-cavités dans lesquelles sont insérés divers adsorbants pour la concentration de molécules.

La géométrie de la micro-cavité n'est pas le seul paramètre à prendre en considération lorsque l'on souhaite développer un micro-préconcentrateur. En effet, les propriétés physico-chimiques de l'adsorbant ont un rôle essentiel dans l'étape de concentration.

Le paragraphe suivant fait un bilan des différents adsorbants utilisés pour l'adsorption de polluants.

4.2.3 Adsorbants utilisés dans les micro-préconcentrateurs

L'adsorbant utilisé dans le micro-préconcentrateur est généralement un matériau poreux présentant des caractéristiques adaptées à la molécule cible à adsorber.

On distingue deux grandes familles de matériaux utilisées pour la préconcentration de molécules : les matériaux carbonés et les polymères.

Dans les matériaux carbonés, on trouve majoritairement les charbons activés qui présentent des surfaces spécifiques élevées allant de 100 à plus de 2000 $m^2.g^{-1}$ [47, 83, 85, 101, 102].

Plus classiquement, les matériaux de type Carbopack $X^{®}$, Carbopack $B^{®}$, Carbotrap$^{®}$, Carboxen 1000$^{®}$ et nanotubes de carbone figurent parmi les adsorbants utilisés dans les micro-préconcentrateurs [46, 48, 103, 104].

Les polymères sont également utilisés pour adsorber les molécules. On peut citer par exemple la résine styrène-divinylbenzène, le Tenax TA$^{®}$, le Tenax GR$^{®}$ [55, 87, 105].

Le tableau suivant rassemble les différents matériaux adsorbants généralement utilisés dans les micro-préconcentrateurs.

Adsorbants	Composés étudiés	Conditions expérimentales	Détecteurs utilisés	[Réf]
Charbon actif Kraft lignin L₁	100 ppb benzène, 500 ppb 1,3 butadiène	Adsorption 10 min, 100 mL.min⁻¹ Désorption 10 min, 175°C, 20 mL.min⁻¹	GC/FID et Capteur SnO₂	[51, 84, 85]
Charbon actif	5 ppm DMMP en présence de xylène et butanone	Adsorption 1 min, Désorption 200°C, 10 ms	FID	[73-76]
Carboxen 1000$^{®}$	100 ppb éthylène	Adsorption 10 min, 20 mL.min⁻¹ Désorption 300°C, 40 mL.min⁻¹	PID	[89, 90]
Nanopoudre de carbone	1,3 ppm benzène	Adsorption 2,4 min, Désorption 160°C	Micro-PID	[47]
Nanopoudre de carbone	250 ppb benzène	Adsorption 5 min, 167 mL.min⁻¹ Désorption à 200°C	Capteur TGS 2620	[48, 91]

Carbopack X® 3 types de charbons actifs Kraft lignin	150 ppb benzène/CO$_2$	Adsorption 60 min, 200 mL.min^{-1} Désorption 250°C, 5 min, 100 mL.min^{-1}	GC/MS	[83]
Nanotubes de carbone mono-parois (SWCNTs)	250 ppb benzène	Adsorption 5 min, 167 mL.min^{-1} Désorption 5 min, 240°C	PID	[48, 106]
Carbopack X, B®; Carboxen 1000®	100 ppb d'un mélange de composés (benzène, xylène)	Adsorption 10 min, 25 mL.min^{-1} Désorption 40 s, 300°C, 2 mL.min^{-1}	GC/FID	[95]
Carbopack B et X®	0,185 ppb de trichloréthylène (TCE)	Adsorption 20 mL.min^{-1} Désorption 200°C	ECD	[98, 99]
Charbon synthétisé à partir de la cellulose	200 ppb de toluène puis 100 ppb d'un mélange benzène, toluène et acétone	Adsorption 35 min, 40 mL.min^{-1} Désorption 320°C	GC/FID	[107]
Carboxen 1003 et 1018	800 ppb acétone	Adsorption 30 min, 30 mL.min^{-1} Désorption 220°C	GC/MS	[100]
Carbopack X®	150 ppb de benzène dilué dans le CO$_2$	Adsorption 25 min, 35 mL.min^{-1} Désorption 30 s, 200°C	GC/MS, Capteurs SnO$_2$ et WO$_3$	[46]
Carbopack X®	25 ppb d'un mélange de composés (benzène, m-xylène et α-pinène)	Désorption 300°C, 3,3 mL.min^{-1}	GC/FID	[92, 93]
Quinoxaline-bridged cavitand (QxCav)	0,1 ppb de BTEX	Adsorption 55 min, 50 mL.min^{-1} Désorption 5 min, 100°C	Capteurs SnO$_2$	[49]
Polymère OV-17®	Mélange de BTEX	Adsorption 7 mL.min^{-1} Désorption 1 à 3 s, 120°C	GC/FID	[57]
Tenax TA®	Solvants organiques et cétone	Adsorption 20 s, 200 mL.min^{-1} Désorption 200°C	Capteurs QCMs	[108]

	Mélange d'hydrocarbures, acétone, alcools	Désorption à 250°C, 100°C.s^{-1}	GC/FID	[55, 87, 88]
Tenax TA®	Toluène, DMMP, butanone	Adsorption 2 min, 100 mL.min^{-1} Désorption par rampe de température de l'ambiante à 170°C	Capteur FPW	[67]
Série d'adsorbants (Tenax GR®, Carboxen-569® Carbosieve S-III®, Carbotrap®)	< 1 ppm d'un mélange de composés (acétone, m-xylène, butanone, 1,1,1-trichloréthylène)	Adsorption 2,5 min, 100 mL.min^{-1} Désorption 1,5 min, 170°C, 40 mL.min^{-1}	GC/FID et Capteurs SAW	[105]

Tableau I-2 : Adsorbants utilisés dans les préconcentrateurs ainsi que les polluants étudiés

Le tableau I-2 montre la grande diversité d'adsorbants utilisés à l'heure actuelle pour concentrer différentes molécules.

On constate également qu'à chaque couple adsorbant/molécule cible est associé des conditions expérimentales particulières qui fixent le temps d'adsorption, le débit d'adsorption ainsi que le temps et la température de désorption.

Ces paramètres ont une importance fondamentale lors de l'utilisation de ce type de micro-systèmes puisqu'ils vont régir l'efficacité de préconcentration du dispositif.

L'évaluation de ces paramètres expérimentaux est évidemment à envisager dans cette étude et sera présentée plus en détail dans les chapitres II et IV.

On remarque ici très clairement que les limites de détection sont très faibles lorsque l'on utilise un micro-préconcentrateur en amont d'un système de détection.

Par ailleurs, au vue de ces résultats, il est important de souligner ici que pour l'analyse de mélange, les micro-préconcentrateurs sont utilisés en amont d'un chromatographe pour séparer les molécules désorbées du préconcentrateur et ensuite les détecter.

En effet, pour accéder à la détection sélective de plusieurs composés, il est nécessaire d'insérer une étape de séparation des composés désorbés avant leur détection.

L'une des voies retenues pour la séparation de composés en mélange (vapeurs ou gaz) est l'utilisation d'une micro-colonne chromatographique.

Dans le paragraphe suivant, nous allons présenter les différentes réalisations existantes dans le domaine des micro-colonnes chromatographiques.

5   Micro-colonnes chromatographiques

5.1   Généralité sur la chromatographie en phase gazeuse

La chromatographie est par définition une méthode physique de séparation de composés chimiques présents en mélange. La séparation des substances entraînées par la phase mobile (gaz vecteur) se fait par adsorption et désorption successive des solutés sur la phase fixe appelée aussi la phase stationnaire. L'organe principal est la colonne chromatographique qui assure la séparation des composés de l'échantillon à analyser sur la phase stationnaire.

Le principe de fonctionnement de la chromatographie en phase gazeuse (CPG) est basé essentiellement sur la différence d'affinité des solutés avec la phase stationnaire. Ces derniers se déplacent à des vitesses différentes et sont donc élués à des temps différents. A la sortie de la colonne chromatographique, chaque soluté est détecté à l'aide d'un détecteur chromatographique. Le résultat analytique obtenu est un chromatogramme composé de pics chromatographiques renseignant sur la nature du composé détecté (évaluation du temps de rétention) et la quantité de ce composé (calcul de l'aire des pics chromatographiques).

Cette méthode présente plusieurs avantages, à savoir la capacité à séparer des mélanges complexes, ainsi que la capacité à réaliser des analyses qualitatives et quantitatives.

La miniaturisation des colonnes chromatographiques est en plein essor actuellement. L'objectif étant de réduire le temps d'analyse et de réaliser un micro-chromatographe portable (μGC). Ce dernier permet d'effectuer des analyses sur site ce qui facilite la détection des polluants dans l'environnement.

Les techniques de salle blanche permettent de réaliser des canaux de sections micrométriques sur des longueurs développées allant de quelques centimètres à plusieurs mètres.

Nous allons décrire ici les différents dispositifs réalisés par plusieurs équipes de recherche et également préciser les paramètres influant sur l'efficacité d'élution et de séparation des micro-colonnes chromatographiques.

5.2   Exemples de micro-colonnes chromatographiques

La réalisation sur un wafer de silicium de la première micro-colonne chromatographique date de 1979 avec les travaux de Terry et al. [109]. Une micro-colonne de forme spirale d'une longueur de 1,5 mètres, d'une largeur de 200 μm et d'une profondeur de 30 μm a été réalisée. Couplée à un détecteur de type TCD, cette micro-colonne a permis de séparer un échantillon composé d'un mélange d'hydrocarbures (**Figure I-27**).

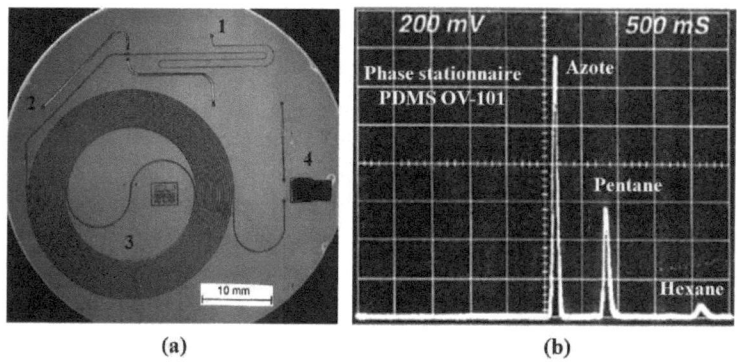

(a)   (b)

Figure I-27 : (a) GC intégré sur silicium : (1) Entrée du gaz vecteur (2)
Système d'échantillonnage (3) Micro-colonne (4) Détecteur TCD,
(b) Chromatogramme obtenu [109]

Plus tard, un chromatographe miniaturisé dédié à la détection de l'ammoniac (NH_3) et du dioxyde d'azote (NO_2) a été développé par R. R. Reston et E. S. Kolesar [110, 111]. Dans ce cas, la colonne présente une longueur de 0,9 mètre avec une section rectangulaire de 300 µm par 10 µm. Ce système a permis de séparer les deux composés analysés (**Figure I-28**).

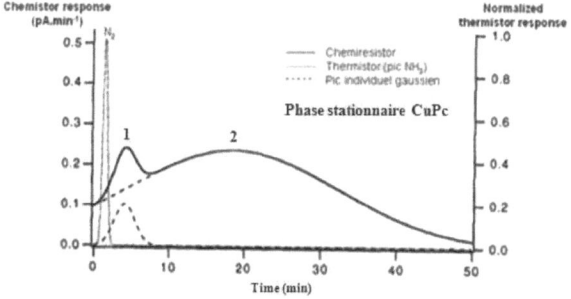

Figure I-28 : Chromatogramme obtenu à l'aide du système développé par
R.R. Reston et E.S. Kolesar [110, 111]

Les travaux effectués par le laboratoire Sandia [112], ont permis de réaliser des micro-colonnes chromatographiques ayant une longueur n'excédant pas 1 mètre, une largeur évoluant entre 10 et 80 µm et une profondeur variant entre 200 et 400 µm. Un mélange formé de diméthyl-méthylphosphonate (DMMP), de toluène et de xylène a été séparé en moins de 2 minutes avec une micro-colonne revêtue par une phase stationnaire à base de polydiméthylsiloxane OV1® (**Figure I-29**).

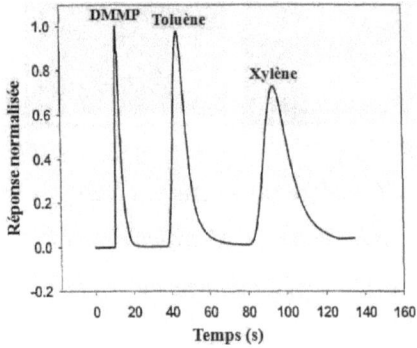

Figure I-29 : *Chromatogramme montrant la séparation de DMMP en présence du toluène et du xylène [112]*

D'autres travaux de recherche ont été également réalisés afin de développer des colonnes miniaturisées équipées de résistances de chauffe intégrées qui permettent d'effectuer des rampes de température [113-115].

Par exemple, un mélange d'hydrocarbures (de C_5 à C_{15}) a été séparé en utilisant deux micro-colonnes présentant une section rectangulaire avec une largeur de 150 µm, une profondeur de 240 µm et des longueurs de 0,25 et 3 mètres. Ces micro-colonnes sont équipées de résistances de chauffe (**Figure I-30**) et couplées à un détecteur à ionisation de flamme (FID).

La phase stationnaire utilisée est le polydiméthylsiloxane (PDMS). L'élution a été réalisée en appliquant des rampes de température de 20 et 1000°C.min⁻¹ pour les micro-colonnes de 3 et 0,25 mètres respectivement.

L'utilisation de ces rampes de température lors du chauffage de deux micro-colonnes de 30 à 200°C a permis d'éluer le mélange d'hydrocarbures au bout de 12 s avec la micro-colonne de 0,25 m et de 5 minutes avec celle de 3 m [116, 117].

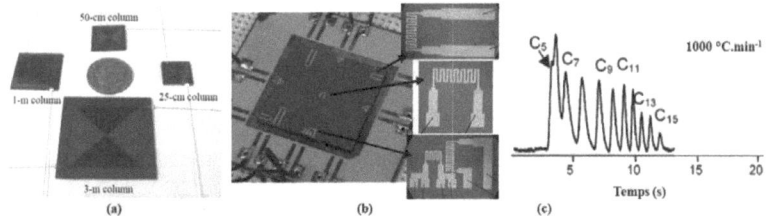

Figure I-30 : (a) Micro-colonnes de différentes longueurs, (b) Distribution des résistances de chauffe, (c) Chromatogramme obtenu [116, 117]

Une micro-colonne avec une forme spirale carrée et présentant une longueur de 1 m, une largeur de 150 µm et une profondeur de 180 µm a été développée pour la séparation d'hydrocarbures [118]. Les canaux de cette micro-colonne sont revêtus par le polydiméthylsiloxane. Un détecteur à ionisation de flamme (FID) a été utilisé pour détecter le mélange d'hydrocarbures.

Les composés sont élués en appliquant une rampe de température allant de 35 à 140°C avec une vitesse de 30°C.min^{-1} (**Figure I-31**).

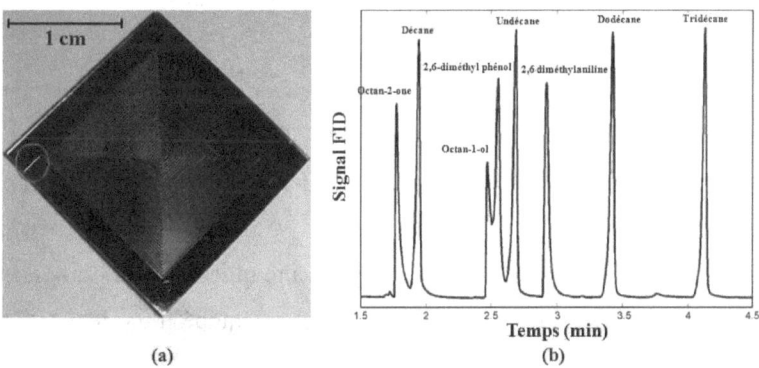

Figure I-31 : (a) Photo de la micro-colonne usinée sur une puce carré de 1,8 cm de côté, (b) Chromatogramme obtenu [118]

Récemment, une colonne chromatographique miniaturisée couplée à un détecteur de gaz de type SnO_2 a été réalisée pour l'analyse de l'éthylène [50]. La colonne présente une forme spirale usinée sur un wafer de silicium (3,5 cm × 3,5 cm). Elle possède une longueur de 0,75 mètre, une largeur de 1000 µm et une profondeur de 800 µm (**Figure I-32 (a)**). La phase stationnaire utilisée ici est le Carboxen 1000®. Cette micro-colonne chromatographique, maintenue à 20°C, a permis de séparer un mélange de gaz formé d'une série de composés de faibles masses moléculaires tels que le monoxyde de carbone, l'acétylène, l'éthylène, le méthane et l'éthane avec une résolution de 100% (**Figure I-32 (b)**).

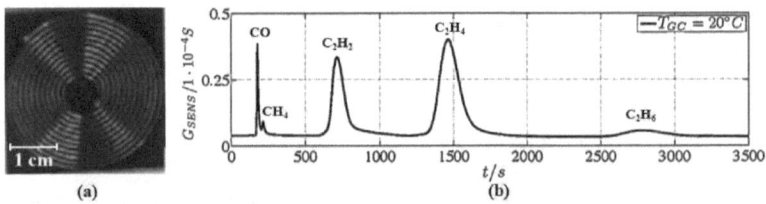

Figure I-32 : *(a) Photographie de la micro-colonne, (b) Chromatogramme obtenu avec identifications des pics [50]*

Les travaux de Zampolli et al. [49] ont permis de développer un prototype de micro-chromatographe portable pour la détection de composés organiques volatils (BTEX). La micro-colonne réalisée présente un canal de forme spirale avec une longueur de 0,5 mètre et une section rectangulaire de 0,8 mm². La phase stationnaire utilisée est le Carbograph 2® + 0,2% de Carbowax TM®. Le système est équipé d'un détecteur de type MOX à base de SnO_2.

Les résultats ont montré que ce système est capable de détecter une concentration inférieure à 0,1 ppb de benzène (**Figure I-33**) après une étape de concentration de 55 min.

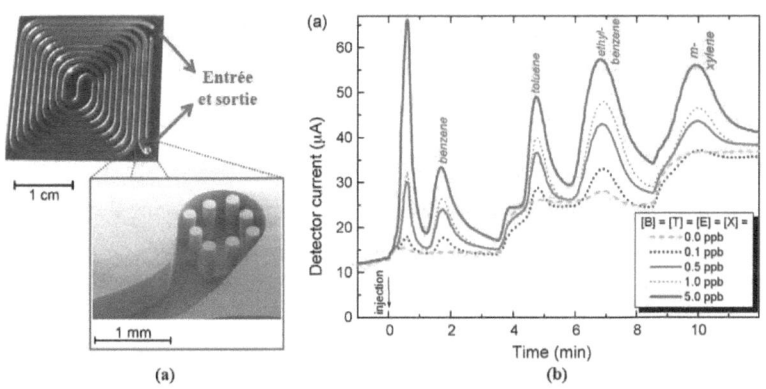

Figure I-33 : (a) photographie de la micro-colonne, (b) Chromatogramme du mélange de BTEX [49]

Enfin, les travaux réalisés au laboratoire Chrono-Environnement par Jean Baptiste Sanchez ont permis de développer des micro-colonnes chromatographiques dans le but de les coupler à des capteurs à base de SnO_2. Différentes géométries, phases stationnaires et polluants ont été étudiés [30, 119-121].

Les micro-colonnes développées présentent une géométrie de type serpentin ou une géométrie de type spirale. Ces colonnes sont caractérisées par une longueur de 2 mètres, une largeur de 50 µm et une profondeur de 50 µm (**Figure I-34**).

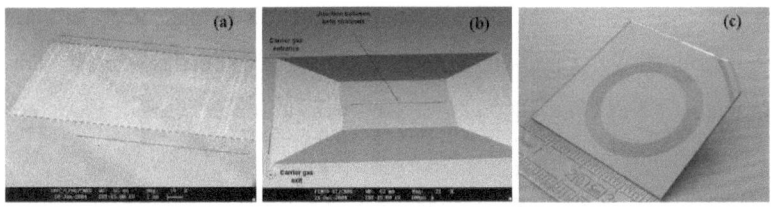

Figure I-34 : Micro-colonnes réalisées sur silicium (a) Type serpentin, (b, c) Type spirale [30, 119-121]

Les trois phases stationnaires étudiées sont le polyéthylène glycol (PEG), le polydiméthylsiloxane (PDMS) et le F13-TEOS [120, 121]. Un mélange de six composés a été séparé avec la phase stationnaire à base de PDMS, puis détecté avec un spectromètre de masse (**Figure I-35**). La meilleure séparation est obtenue avec une température de micro-colonne de 35°C.

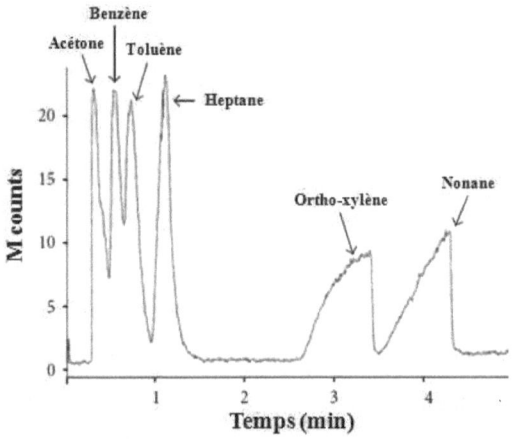

Figure I-35 *: Chromatogramme obtenu avec la phase stationnaire PDMS*
[120]

Concernant à présent les performances d'analyse de ces micro-systèmes fluidiques, différents paramètres peuvent influencer l'efficacité de séparation de la micro-colonne chromatographique. C'est notamment le cas du débit du gaz vecteur, de la température, de la dimension et de la géométrie de la micro-colonne ainsi que de la nature de la phase stationnaire. Dans le paragraphe suivant, nous allons préciser l'influence de la nature chimique de la phase stationnaire puisque les autres paramètres sont en relation directe avec le choix de celle-ci.

5.2.1 Choix de la phase stationnaire

La réussite d'une bonne séparation dépend essentiellement du choix de la phase stationnaire. La nature chimique de celle-ci aura une influence directe sur la séparation. La phase stationnaire doit présenter des affinités différentes vis-à-vis des substances constituant le mélange à séparer.

Il existe de nombreuses familles de phases stationnaires dont les hydrocarbures ramifiés, les polysiloxanes, les polyéthylène-glycols, les polypropylène-glycols et les polyesters [122].

Compte tenu de la faible dimension des micro-canaux, la meilleure façon de déposer la phase stationnaire sur les parois internes de la micro-colonne est de la greffer par un procédé de polymérisation inorganique à l'intérieur des micro-canaux. Ceci conduit à la formation d'une fine couche de phase stationnaire immobilisée sur la paroi interne de la micro-colonne. Dans ce cas, c'est la méthode sol-gel qui est utilisée [119, 123].

Le tableau suivant rassemble les différentes phases stationnaires utilisées dans les micro-colonnes chromatographiques ainsi que les composés élués et séparés.

Phase stationnaire	Composés étudiés	Détecteur utilisé
PDMS OV-101$^®$	Pentane et hexane	TCD [109]
Diméthylsiloxane	C_{11} à C_{16}	FID [124]
Polydiméthysiloxane (PDMS)	BTX, Acétone, Nonane, Heptane	Capteur SnO$_2$ [30, 119]
	C_5 à C_{15}	FID [116, 117]
	Mélange d'hydrocarbures	
PDMS fonctionnalisé par HMDS	Acétone, BTX, Hydrocarbures	FID [125]
Polyéthylène glycol (PEG)	BTX, Acétone, Nonane, Heptane	Capteur SnO$_2$ [30, 119]
F13-TEOS	BTX	

61

Nanotubes de carbone (CNTs)	Mélange d'hydrocarbures	FID [126, 127]
Carboxen 1000®	CO_2, N_2, acétylène, éthylène, méthane, éthane	Capteur SnO_2 [50]
Carbograph 2 + 0,2% Carbowax TM®	BTEX	Capteurs (SnO_2) [49]
Phthalocyanine de cuivre (CuPc)	NH_3 et NO_2	TCD et Chemiresistor [110, 111]

Tableau I-3 : Phases stationnaires utilisées dans les différentes micro-colonnes chromatographiques réalisées

** **BTEX** : Benzène, Toluène, Éthylbenzène et Xylène*

Le tableau I-3 montre qu'il existe une grande diversité de phases stationnaires utilisées dans les micro-colonnes chromatographiques. Néanmoins, on constate que pour de nombreuses applications la phase stationnaire à base de PDMS est utilisée. En effet, l'intérêt de ce polymère est qu'il peut être fonctionnalisé à volonté, permettant ainsi de modifier sa polarité et donc de séparer une large gamme de composés chimiques.

Les différents travaux cités ci-dessus ont montré l'intérêt d'utiliser une micro-colonne chromatographique pour la séparation efficace d'un mélange de composés chimiques. Ces micro-colonnes, positionnées en amont de capteurs, permettent d'accéder à un système de détection sélectif à de nombreux composés chimiques.

Suite à cet état de l'art concernant les diverses réalisations dans le domaine des micro-préconcentrateurs et des micro-colonnes chromatographiques, nous allons maintenant présenter en détail l'objectif et les différentes phases d'études de ce travail de thèse.

6   Positionnement du projet de recherche

L'objectif de ce travail de thèse est de développer une plate-forme micro-fluidique constituée d'un micro-préconcentrateur de gaz et d'une micro-colonne chromatographique intégrés sur silicium. Cette plate-forme sera ensuite positionnée en amont d'un capteur de gaz à base de dioxyde d'étain pour accéder à la détection sélective de traces d'un composé issu de la dégradation du trinitrotoluène. En effet, la très faible pression de vapeur saturante du TNT à température ambiante ($2,6.10^{-2}$ Pa) [128, 129] rend difficile la détection et la quantification de ce composé dans l'atmosphère à l'aide de capteurs chimiques utilisés seuls. Toutefois, le trinitrotoluène a tendance à se dégrader dans l'atmosphère pour former des composés de dégradation considérés comme des traceurs du TNT [3, 130, 131]. C'est notamment le cas de l'ortho-nitrotoluène (ONT), composé chimique résultant de la dénitration du TNT [132-136]. Ce composé possède également une pression de vapeur saturante faible ($P_{vap.}$ ONT = 20 Pa à 25°C) [137], mais toutefois supérieure à celle du TNT. Pour pouvoir détecter de faibles concentrations de ce produit de dégradation dans l'air (concentrations inférieures au ppm) à l'aide d'un capteur chimique il est nécessaire d'envisager une étape de concentration. Par ailleurs, la présence d'interférents dans l'air impose une étape de séparation avant la détection de ce composé par un capteur SnO_2.

La figure suivante représente un schéma de la plate-forme envisagée dans ce travail de thèse et précise également le sens d'introduction et de migration de l'échantillon à analyser.

63

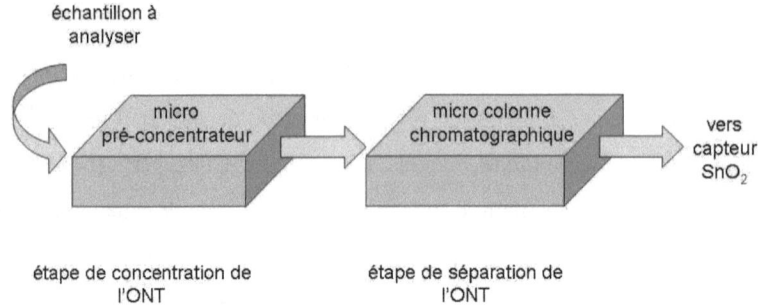

Figure I-36 : Schéma de la plate-forme envisagée dans ce travail de thèse

Le micro-préconcentrateur a pour rôle de concentrer les molécules d'ortho-nitrotoluène avant de les désorber en tête de la micro-colonne chromatographique. La micro-colonne chromatographique permet d'éluer l'ortho-nitrotoluène et de séparer ce composé des interférents éventuellement présents dans l'échantillon à analyser. Ensuite, l'ONT est détecté avec un capteur à base de dioxyde d'étain.

La démarche expérimentale de ce travail de thèse peut être résumée selon le schéma général suivant :

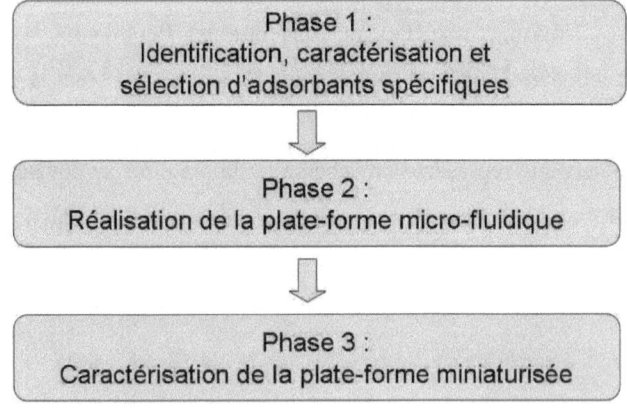

Figure I-37 : Organisation générale du projet de recherche

Sur la base de ce schéma, nous allons détailler chaque étape du projet en précisant les orientations scientifiques envisagées.

La première phase de ce travail consiste à sélectionner et caractériser différentes familles d'adsorbants pouvant convenir à l'adsorption et à la désorption de l'ortho-nitrotoluène. Les dimensions de cette molécule cible conditionnent fortement le choix des adsorbants. Ainsi, différents adsorbants carbonés (charbons actifs), un polymère et une zéolithe seront étudiés afin de déterminer parmi ces matériaux poreux ceux qui pourront être utilisés dans le micro-préconcentrateur. Les charbons actifs et les polymères sont des matériaux souvent exploités pour la concentration de différentes molécules [47, 48, 51, 52, 105]. Le choix d'utiliser une zéolithe est ici beaucoup plus original car malgré les capacités d'adsorption connues de ce matériau poreux, aucune étude ne reporte l'utilisation de zéolithes dans les micro-préconcentrateurs. Cette première phase d'étude a été réalisée en partenariat avec l'Institut Jean Lamour (IJL) d'Épinal et l'Institut Carnot de Bourgogne (ICB) de Dijon. L'IJL à la possibilité d'activer différents charbons et l'ICB possède une expertise reconnue dans l'utilisation et la caractérisation de zéolithes. Ces deux laboratoires possèdent également tous les appareillages analytiques nécessaires à la caractérisation de matériaux poreux.

La deuxième phase de ce travail de thèse est focalisée sur la fabrication des micro-systèmes fluidiques constituants la plate-forme (micro-préconcentrateur et micro-colonne chromatographique). L'étude bibliographique précédente a permis de faire le bilan des différentes avancées scientifiques et technologiques dans les domaines des micro-préconcentrateurs et des micro-colonnes chromatographiques. Pour le micro-préconcentrateur et d'après l'état de l'art présenté, différentes géométries peuvent être envisagées (rectangulaires, spirales). Néanmoins, dans le but de déposer des quantités importantes d'adsorbants dans le préconcentrateur et donc obtenir une concentration importante du composé cible, une géométrie rectangulaire sera envisagée. La technologie silicium/verre disponible en salle blanche sera ici utilisée pour développer des micro-cavités tridimensionnelles intégrées sur silicium et présentant des dimensions de 1 cm de longueur et 0,5 cm de largeur. Ces micro-cavités seront par ailleurs équipées de micro-piliers en silicium pour d'une part fixer le dépôt de l'adsorbant dans la cavité et d'autre part favoriser la diffusion du gaz chargé du (des) polluant(s) au sein de la structure poreuse des adsorbants.

Les différents adsorbants sélectionnés pour l'adsorption et la désorption de l'ONT seront ensuite mis en suspension dans un solvant organique et insérés dans les micro-cavités pour garnir le fond de la micro-structure.

Au niveau des connections fluidiques, l'arrivée et la sortie du gaz se fera latéralement par rapport à la micro-cavité dans le but de favoriser l'adsorption des molécules sur l'adsorbant comme précisé dans les travaux de Lewis et al. [74].

Concernant ensuite la micro-colonne chromatographique, le laboratoire chrono-environnement possède une bonne expertise dans la réalisation de ce type de micro-système fluidique intégré sur silicium. En particulier, les différentes études réalisées jusqu'à présent ont permis d'aboutir à une géométrie de type spirale pour le micro-canal avec les dimensions suivantes : longueur de 2 mètres et section du micro-canal de 50 µm × 50 µm [30]. Toutefois, ces dimensions ont montré qu'il était nécessaire d'appliquer une pression du gaz vecteur importante (55 psi) en entrée du micro-canal pour éluer les composés à analyser. Par ailleurs, la longueur de deux mètres jusqu'à présent utilisée peut s'avérer insuffisante pour séparer certains composés chimiques en particulier des composés peu volatils tels que l'ONT. Sur ce constat, la micro-colonne chromatographique envisagée pour cette étude conservera la géométrie de type spirale mais présentera des dimensions supérieures au niveau de la longueur et de la section du canal. En particulier, nous utiliserons ici aussi la technologie silicium/verre pour réaliser un micro-canal de 5 mètres de long présentant une section carrée de 100 µm × 100 µm.

Ce micro-canal sera ensuite garni par une phase stationnaire spécifique. Le savoir faire du laboratoire dans la synthèse de phases stationnaires pour des micro-colonnes chromatographiques a permis d'orienter notre choix vers une phase stationnaire peu polaire à base de PDMS [119]. Cette phase stationnaire a montré de bonnes performances en terme de séparation de composés organiques volatils et est généralement utilisée pour éluer et séparer des composés aromatiques.

A la suite de cette étape de fabrication des deux micro-systèmes constituant la plate-forme micro-fluidique, la dernière phase du travail envisagé consiste à évaluer les performances analytiques de cette plate-forme en terme de concentration et de séparation de l'ONT. Pour réaliser cette caractérisation, la plate-forme micro-fluidique est reliée à un capteur à base de dioxyde d'étain par l'intermédiaire de capillaires en silice. Le capteur SnO_2 utilisé est un capteur commercial TGS 800 utilisé ici comme détecteur chromatographique.

Nous distinguerons deux étapes pour la caractérisation. La première consistera à évaluer les performances de fonctionnement du micro-préconcentrateur en déterminant en particulier les conditions optimales d'adsorption et de désorption de l'ONT. Ce travail permettra en outre d'orienter le choix définitif des adsorbants pour la concentration de la molécule cible.

Enfin, la seconde étape concernera l'évaluation des performances d'analyse de la plate-forme micro-fluidique, en particulier en termes de limite de détection, capacité d'adsorption et de séparation en présence d'interférents et d'un taux d'hygrométrie variable.

7 Conclusion

La synthèse bibliographique présentée au cours de ce chapitre a permis de montrer que les micro-préconcentrateurs de gaz et les micro-colonnes chromatographiques constituent un domaine en plein développement vu l'intérêt de ces dispositifs dans la préconcentration et la séparation de composés chimiques.

En particulier, ce chapitre a permis de faire un rappel des différentes techniques utilisées pour l'analyse et la détection d'explosifs, puis de présenter le principe de fonctionnement et les propriétés des capteurs de gaz à base de dioxyde d'étain. Ce type de capteur sera utilisé comme détecteur chromatographique dans ce travail de recherche. Un inventaire des travaux réalisés sur les micro-préconcentrateurs de gaz et les micro-colonnes chromatographiques en termes de réalisations technologiques, adsorbants et phases stationnaires utilisés a été présenté en détail. Cet inventaire permet de fixer les dimensions et géométries des micro-systèmes fluidiques envisagés dans cette étude et également d'orienter le choix des adsorbants et phases stationnaires à utiliser.

Enfin, un plan détaillé des différentes phases d'étude a été donné pour préciser la démarche scientifique de ce travail de thèse.

Le chapitre suivant s'attachera à étudier et caractériser différents matériaux adsorbants afin de sélectionner le(s) plus approprié(s) pour l'adsorption et la concentration de l'ortho-nitrotoluène dans le micro-préconcentrateur.

Liste des figures du chapitre I

Figure I-1 : Schéma d'un capteur à onde acoustique de surface (SAW) [9]
.... 23

Figure I-2 : Réponses des micro-balances à quartz revêtues par les couches sensibles en présence de (a) TNT, (b) PETN [14] 24

Figure I-3 : Représentation schématique du capteur à base d'anticorps .. 25

Figure I-4 : Vue de dessus d'un micro-levier avec les principales dimensions [19] 26

Figure I-5 : Schéma du nez électronique différentiel utilisé pour la reconnaissance d'explosifs [24] 27

Figure I-6 : (a) Capteurs TGS 800, (b) Schéma d'un capteur usiné sur silicium 29

Figure I-7 : Représentation schématique du mécanisme de détection en présence d'un gaz réducteur avec évolution de la barrière de potentiel entre (a) sous air et (b) sous gaz [30] 30

Figure I-8 : Fonctionnement d'un préconcentrateur chimique 34

Figure I-9 : Exemples de tubes de préconcentration commercialisés par CAMSCO [64, 65] 34

Figure I-10 : (a) Vue en coupe d'un préconcentrateur plan conçu par le laboratoire Sandia, (b) Dimensions de la surface active [73, 74] 36

Figure I-11 : Préconcentrateur réalisé sur un support en polyimide [80] 36

Figure I-12: Préconcentrateur planaire utilisant la technologie CMOS [81] 37

Figure I-13 : (a) Substrat d'alumine, (b) Dépôt de charbon actif [83] 38

Figure I-14 : Préconcentrateur planaire sur un substrat de silicium [86] 38

Figure I-15 : Préconcentrateurs à structure 3D (a) Design à flux parallèle, (b) Design à flux perpendiculaire [74] 40

Figure I-16 : Structure d'un micro-préconcentrateur à micro-piliers allongés [88] 41

Figure I-17 : (a) Schéma du préconcentrateur, (b) Vue de dessus du dispositif [89, 90] 41

Figure I-18 : Schéma des deux formes de micro-préconcentrateurs : avec canaux rectilignes (à gauche) ou comportant des écailles (à droite) [47] 42

Figure I-19 : Photos des trois designs de micro-préconcentrateurs : Neutre (gauche), Parallèle (centre) et Chicane (droite) [91] 42

Figure I-20 : Préconcentrateur formé par un réseau d'éléments de chauffage [92] 43

Figure I-21 : (a) Micro-préconcentrateur constitué de micro-piliers, ...44

Figure I-22 : (a) Pré-piège rempli par 50 mg de Carbopack B, (b) Échantillonneur rempli par 100 mg de Carbopack X, (c) Micro-préconcentrateur rempli par 2,3 mg de Carbopack X [98] 46

Figure I-23 : Préconcentrateur composé de trois étages et rempli par trois types d'adsorbants [95] 47

Figure I-24 : (a) Vue de face du μ-préconcentrateur en forme spirale rempli par le Carbopack X, (b) Micro-préconcentrateur vide, (c) Grains de Carbopack X [46] 48

Figure I-25 : (a) Coupe transversale du canal usiné sur silicium, ...48

Figure I-26 : (a) Schéma du micro-préconcentrateur avec une forme spirale du canal et la résistance chauffante en platine, (b) Photo du canal rempli par le Carboxen-1003® [100] 49

Figure I-27 : (a) GC intégré sur silicium : (1) Entrée du gaz vecteur (2) Système d'échantillonnage (3) Micro-colonne (4) Détecteur TCD, ...55

Figure I-28 : Chromatogramme obtenu à l'aide du système développé par R.R. Reston et E.S. Kolesar [110, 111] 55

Figure I-29 : Chromatogramme montrant la séparation de DMMP en présence du toluène et du xylène [112] 56

Figure I-30 : (a) Micro-colonnes de différentes longueurs, (b) Distribution des résistances de chauffe, (c) Chromatogramme obtenu [116, 117] 57

Figure I-31 : (a) Photo de la micro-colonne usinée sur une puce carré de 1,8 cm de côté, (b) Chromatogramme obtenu [118] 57

Figure I-32 : (a) Photographie de la micro-colonne, (b) Chromatogramme obtenu avec identifications des pics [50] 58

Figure I-33 : (a) photographie de la micro-colonne, (b) Chromatogramme du mélange de BTEX [49] 59

Figure I-34 : Micro-colonnes réalisées sur silicium (a) Type serpentin, ... 59

Figure I-35 : Chromatogramme obtenu avec la phase stationnaire PDMS [120] 60

Figure I-36 : Schéma de la plate-forme envisagée dans ce travail de thèse 64

Figure I-37 : Organisation générale du projet de recherche 64

Liste des tableaux du chapitre I

Tableau I-1 : Solutions proposées pour résoudre le problème de sélectivité des capteurs résistifs à oxyde semi-conducteur 32

Tableau I-2 : Adsorbants utilisés dans les préconcentrateurs ainsi que les polluants étudiés 52

Tableau I-3 : Phases stationnaires utilisées dans les différentes micro-colonnes chromatographiques réalisées 62

Références bibliographiques

[1] J. M. Perr, K. G. Furton, J. R. Almirall, Gas chromatography positive chemical ionization and tandem mass spectrometry for the analysis of organic high explosives, Talanta, 67 (2005) 430–436.

[2] C. Cortada, L. Vidal, A. Canals, Determination of nitroaromatic explosives in water samples by direct ultrasound-assisted dispersive liquid–liquid microextraction followed by gas chromatography–mass spectrometry, Talanta, 85 (2011) 2546–2552.

[3] C. Mullen, A. Irwin, B. V. Pond, D. L. Huestis, M. J. Coggiola, H. Oser, Detection of Explosives and Explosives-Related Compounds by Single Photon Laser Ionization Time-of-Flight Mass Spectrometry, Anal. Chem., 78 (2006) 3807–3814.

[4] Smiths Detection IONSCAN, SABRE. Available online: www.smithsdetection.com.

[5] R.G. Ewing, D.A. Atkinson, G.A. Eiceman, G.J. Ewing, A critical review of ion mobility spectrometry for the detection of explosives and explosive related compounds, Talanta, 54 (2001) 515–529.

[6] G. R. Asbury, J. Klasmeier, H. H. Hill Jr., Analysis of explosives using electrospray ionization: ion mobility spectrometry (ESI: IMS), Talanta, 50 (2000) 1291–1298.

[7] Jean-Christophe Poully, Spectroscopie IR et spectrométrie de mobilité ionique appliquées aux structures de systèmes chargés isolés d'intérêt pharmaceutique, Thèse de l'Université Paris XIII, N° tel-00465057, (2009).

[8] A.R. Ford, S.W. Reeve, Sensing and Characterization of Explosive Vapors near 700 cm^{-1}, Proceedings of the SPIE, 6540, 65400Y1-10 (2007).

[9] E. J. Houser, T. E. Mlsna, V. K. Nguyen, R. Chung, R. L. Mowery, R. Andrew McGill, Rational materials design of sorbent coatings for explosives: applications with chemical sensors, Talanta, 54 (2001) 469–485.

[10] R. Andrew McGill, T. E. Mlsna, R. Chung, V. K. Nguyen, J. Stepnowski, The design of functionalized silicone polymers for chemical sensor detection of nitroaromatic compounds, Sensors and Actuators B, 65 (2000) 5–9.

[11] G.K. Kannan, A.T. Nimal, U. Mittal, R.D.S. Yadava, J.C. Kapoor, Adsorption studies of carbowax coated surface acoustic wave (SAW) sensor for 2,4-dinitro toluene (DNT) vapour detection, Sensors and Actuators B, 101 (2004) 328–334.

[12] G.K. Kannan, J.C. Kappor, Adsorption studies of carbowax and poly dimethyl siloxane to use as chemical array for nitro aromatic vapour sensing, Sensors and Actuators B, 110 (2005) 312–320.

[13] B. Lebret, L. Hairault, E. Pasquinet, Utilisation de polymères ou de composites à base de siloxanes dans des capteurs chimiques pour la détection de composés nitrés, Brevet Européen, EP 1704408B1, WO 2005/057198.

[14] C. Barthet, P. Montméat, N. Eloy, P. Prené, Detection of explosives vapours using a multi-Quartz Crystal Microbalance System, Procedia Chemistry, 5 (2010) 472–475.

[15] M. Guillemot, F. Dayber, P. Montméat, C. Barthet, P. Prené, Detection of explosives vapours on quartz crystal microbalances: generation of very low-concentrated vapours for sensors calibration, Procedia Chemistry, 1 (2009) 967–970.

[16] Sang Hun Lee, Theoretical and Experimental Characterization of Time-Dependent Signatures of Acoustic Wave Based Biosensors, Thesis at Georgia Institute of Technology, (2006).

[17] X. Yang, X-X. Du, J. Shi, B. Swanson, Molecular recognition and self-assembled polymer films for vapor phase detection of explosives, Talanta, 54 (2001) 439–445.

[18] G. Bunte, J. Hürttlen, H. Pontius, K. Hartlieb, H. Krause, Gas phase detection of explosives such as 2,4,6-trinitrotoluene by molecularly imprinted polymers, Analytica Chimica Acta, 591 (2007) 49–56.

[19] M.A. Urbiztondo, I. Pellejero, M. Villarroya, J. Sesé, M.P. Pina, I. Dufour, J. Santamaría, Zeolite-modified cantilevers for the sensing of nitrotoluene vapors, Sensors and Actuators B, 137 (2009) 608–616.

[20] M.P. Pina, I. Pellejero, M.A. Urbiztondo, J. Sesé, J. Santamaría, Explosives detection using porous coatings, Proc. SPIE, 8031 (2011) 803124, doi: 10.1117/12.883780.

[21] L.A. Pinnaduwage, T. Thundat, J.E. Hawk, D.L. Hedden, P.F. Britt, E.J. Houser, S. Stepnowski, R.A. McGill, D. Bubb, Detection of 2,4-dinitrotoluene using microcantilever sensors, Sensors and Actuators B, 99 (2004) 223–229.

[22] W. Ruan, Y. Li, Z. Tan, L. Liu, K. Jiang, Z. Wang, In-situ synthesized carbon nanotube networks on a microcantilever for sensitive detection of explosive vapors, Sensors and Actuators B, 176 (2013) 141–148.

[23] Y. Gui, C. Xie, J. Xu, G. Wang, Detection and discrimination of low concentration explosives using MOS nanoparticle sensors, Journal of Hazardous Materials, 164 (2009) 1030–1035.

[24] K. Brudzewskia, S. Osowskia, W. Pawlowski, Metal oxide sensor arrays for detection of explosives at sub-parts-per million concentration levels by the differential electronic nose, Sensors and Actuators B, 161 (2012) 528–533.

[25] M. Amania, Y. Chu, K. L. Waterman, C. M. Hurley, M. J. Platek, O. J. Gregory, Detection of triacetone triperoxide (TATP) using a thermodynamic based gas sensor, Sensors and Actuators B, 162 (2012) 7–13.

[26] Franck Berger, Mécanisme réactionnels d'interaction du SO_2 et du DEMP en surface de détecteurs de gaz à base de dioxyde d'étain, Thèse de l'Université de Franche-Comté, N° 447, (1995).

[27] D. Kohl, Surface processes in the detection of reducing gases with SnO_2-based devices, Sensors and Actuators, 18 (1989) 71–113.

[28] Cyril Tropis, Analyse et Optimisation des performances d'un capteur de gaz à base de SnO_2 nanoparticulaire : Application à la détection de CO et CO_2, Thèse de l'Université Paul Sabatier Toulouse, (2009).

[29] Frédéric Parret, Méthode d'analyse sélective et quantitative d'un mélange gazeux à partir d'un microcapteur à oxyde métallique nanoparticulaire, Thèse de l'Institut National Polytechnique de Toulouse, N° tel-00012018, (2006).

[30] Jean-Baptiste Sanchez, Conception d'une micro-colonne chromatographique couplée à un capteur à oxyde semi-conducteur : application à la détection sélective de HF, Thèse de l'Université de Franche-Comté, N° 1090, (2005).

[31] Béatrice Rivière, Optimisation du procédé de sérigraphie pour la réalisation de capteurs de gaz en couche épaisse : Étude de la compatibilité avec la technologie Microélectronique, Thèse de l'École Nationale Supérieure des Mines de Saint-Etienne, N° 326CD, (2004).

[32] G. Korotcenkov, Metal oxides for solid-state gas sensors: What determines our choice? Materials Science and Engineering B, 139 (2007) 1–23.

[33] Y. G. Choi, G. Sakai, K. Shimanoe, N. Miura, N. Yamazoe, Wet process prepared thick film of WO_3 for NO_2 sensing, Sensors and Actuators B, 95 (2003) 258–265.

[34] R. E. Cavicchi, J. S. Suehle, K. J. Kreider, M. Gaitan, P. Chaparala, Optimized temperature-pulse sequences for the enhancement of chemically specific response patterns from micro-hotplate gas sensors, Sensors and Actuators B, 33 (1996) 142–146.

[35] A. Heilig, N. Barsan, U. Weimer, M. Schweimer-Berberich, J. W. Gardner, W. Göpel, Gas identification by modulating temperatures of SnO_2-based thick film sensors, Sensors and actuators B, 43 (1997) 45–51.

75

[36] S. R. Morrison, Selectivity in semiconductor gas sensors, Sensors and actuators, 12 (1987) 425–440.

[37] S. J. Gentry, T. Jones, The role of catalysis in solid-stade gas sensors, Sensors and actuators, 10 (1986) 141–163.

[38] F. Ménil, C. Lucat, H. Debéda, The thick film route to selective gas sensors, Sensors and Actuators B, 24-25 (1995) 415–420.

[39] D. Jadsadapattarakul, C. Thanachayanont, J. Nukeaw, T. Sooknoi, Improved selectivity, response time and recovery time by [0 1 0] highly preferred-orientation silicalite-1 layer coated on SnO_2 thin film sensor for selective ethylene gas detection, Sensors and Actuators B, 144 (2010) 73–80.

[40] M. Vilaseca, J. Coronas, A. Cirera, A. Cornet, J. R. Morante, J. Santamaría, Gas detection with SnO_2 sensors modified by zeolite films, Sensors and Actuators B, 124 (2007) 99–110.

[41] Sébastien Tétin, Microcapteurs chimiques à base de micropoutres en silicium modifiées à l'aide de matériaux inorganiques microporeux, Thèse de l'Université de Bordeaux 1, N° 3926, (2009).

[42] M. Vilaseca, J. Coronas, A. Cirera, A. Cornet, J.R. Morante, J. Santamaría, Development and application of micromachined Pd/SnO_2 gas sensors with zeolite coatings, Sensors and Actuators B, 133 (2008) 435–441.

[43] M. Vilaseca, J. Coronas, A. Cirera, A. Cornet, J.R. Morante, J. Santamaría, Use of zeolite films to improve the selectivity of reactive gas sensors, Catalysis Today, 82 (2003) 179–185.

[44] O. Hugo, M. Sauvan, P. Benech, C. Pijolat, F. Lefebvre, Gas separation with a zeolite filter, application to the selectivity enhancement of chemical sensors, Sensors and Actuators B, 67 (2000) 235–243.

[45] Nicolas Perdreau, Application des méthodes d'analyse multivariables à la détection quantitative de gaz par microcapteurs à base de dioxyde d'étain, Thèse de l'École des Mines de St-Etienne, (2000).

[46] I. Gràcia, P. Ivanov, F. Blanco, N. Sabaté, X. Vilanova, X. Correig, L. Fonseca, E. Figueras, J. Santander, C. Cané, Sub-ppm gas sensor detection via spiral μ-preconcentrator, Sensors and actuators B, 132 (2008) 149–154.

[47] C. Pijolat, M. Camara, J. Courbat, J.-P. Viricelle, D. Briand, N. F. de Rooij, Application of carbon nano-powders for a gas micro-preconcentrator Sensors and Actuators B, 127 (2007) 179–185.

[48] El Hadji Malick CAMARA, Développement d'un micro-préconcentrateur pour la détection de substances chimiques à l'état de trace en phase gaz, Thèse de l'École Nationale Supérieure des Mines de Saint-Étienne, N° 556 GP, (2009).

[49] S. Zampolli, I. Elmi, F. Mancarella, P. Betti, E. Dalcanale, G.C. Cardinali, M. Severi, Realtime monitoring of sub-ppb concentrations of aromatic volatiles with a MEMS enabled miniaturized gas chromatograph, Sensors and Actuators B, 141 (2009) 322–328.

[50] A. Sklorz, S. Janßen, W. Lang, Application of a miniaturised packed gas chromatography column and a SnO_2 gas detector for analysis of low molecular weight hydrocarbons with focus on ethylene detection Sensors and Actuators B, (2012), doi:10.1016/j.snb.2011.12.110.

[51] Houda Lahlou, Design, fabrication and characterization of a gas preconcentrator based on thermal programmed adsorption/desorption for gas phase microdetection systems, Thesis at the University Rovira I Virgili, N° T.153-2012, (2011).

[52] Bassam Alfeeli, Chemical Micro Preconcentrators Development for Micro Gas Chromatography Systems, Thesis at Virginia Polytechnic Institute and State University, (2010).

[53] Yi Fu, Synthesis and Characterization of Molecularly Imprinted Polymers and Their Application in Preconcentrators for Gas Phase Sensors, Thesis at the University of West Virginia, (2003).

[54] I. Voiculescu, M. Zaghloul, N. Narasimhan, Microfabricated chemical preconcentrators for gas phase microanalytical detection systems, Trends in Analytical Chemistry, 27 (4) (2008) 327–343.

[55] B. Alfeeli, D. Cho, M. A. Khorassani, L. T. Taylor, M. Agah, MEMS-Based Multi-Inlet/Outlet Preconcentrator Coated by Inkjet Printing of Polymer Adsorbents, Sensors and Actuators B, 133 (2008) 24–32.

[56] K. Dettmer, W. Engewald, Adsorbent Materials Commonly Used in Air Analysis for Adsorptive Enrichment and Thermal Desorption of Volatile Organic Compounds, Analytical and Bioanalytical Chemistry, 373 (2002) 490–500.

[57] M. Kim, S. Mitra, A microfabricated microconcentrator for sensors and gas chromatography, Journal of Chromatography A, 996 (2003) 1–11.

[58] C. Saridara, S. Ragunath, Y. Pu, S. Mitra, Methane pre-concentration in a microtrap using multiwalled carbon nanotubes as sorbents, Analytica Chimica Acta, 677 (2010) 50–54.

[59] C. Thammakhet, P. Thavarungkul, R. Brukh, S. Mitra, P. Kanatharana, Microtrap modulated flame ionization detector for on-line monitoring of methane, Journal of Chromatography A, 1072 (2005) 243–248.

[60] E. H. M. Camara, P. Breuil, D. Briand, L. Guillot, C. Pijolat, N. F. de Rooij, Micro gas preconcentrator in porous silicon filled with a carbon absorbent, Sensors and Actuators B, 148 (2010) 610–619.

[61] J. W. Russell, Analysis of Air Pollutants Using Sampling Tubes and Gas Chromatography, Environmental Science & Technology, 9 (1975) 1175–1178.

[62] R. H. Brown, C. J. Purnell, Collection and analysis of trace organic vapour pollutants in ambient atmospheres: The performace of a Tenax-GC adsorbent tube, Journal of Chromatography A, 178 (1979) 79–90.

[63] E. D. Pellizzar, J. E. Bunch, R. E. Berkley, J. McRae, Collection and Analysis of Trace Organic Vapor Pollutants in Ambient Atmospheres. The

Performance of a Tenax GC Cartridge Sampler for Hazardous Vapors, Analytical Letters, 9 (1976) 45–63.

[64] Camsco Inc., Product Catalog, ed. Houston, TX: Chemical Agent Monitoring Supply Company Inc., (2010).

[65] http://www.camsco.com/.

[66] W.A. Groves, E. T. Zellers, G. C. Frye, Analyzing organic vapors in exhaled breath using a surface acoustic wave sensor array with preconcentration: selection and characterization of the preconcentrator adsorbent, Analytica Chimica Acta, 371 (1998) 131–143.

[67] J. W. Grate, N. C. Anheier, and D. L. Baldwin, Progressive Thermal Desorption of Vapor Mixtures from a Preconcentrator with a Porous Metal Foam Internal Architecture and Variable Thermal Ramp Rates, Analytical Chemistry, 77 (2005) 1867–1875.

[68] C.-J. Lu, E. T. Zellers, A dual-adsorbent preconcentrator for a portable indoor-VOC microsensor system, Analytical Chemistry, 73 (2001) 3449–3457.

[69] C.-J. Lu, E. T. Zellers, Multi-adsorbent preconcentrator/focusing module for portable- GC/microsensorarray analysis of complex vapor mixtures, Analyst, 127 (2002) 1061–1068.

[70] Q.-Y. Cai, J. Park, D. Heldsinger, M.-D. Hsieh, E. T. Zellers, Vapor recognition with an integrated array of polymer-coated flexural plate wave sensors, Sensors and Actuators B, 62 (2000) 121–130.

[71] S. Mitra, C. Yun, Continuous gas chromatographic monitoring of low concentration sample streams using an on-line microtrap, Journal of Chromatography A, 648 (1993) 415–421.

[72] D.-J. Liaw, K.-L. Wang, Y.-C. Huang, K.-R. Lee, J.-Y. Lai, C.-S. Ha, Advanced polyimide materials: Syntheses, physical properties and applications, Progress in Polymer Science, 37 (2012) 907–974.

[73] S.A. Casalnuovo G.C. Frye-Mason, R.J. Kottenstette, E.J. Heller, C.M. Matzke, P.R. Lewis, R.P. Manginell, A.G. Baca, V.M. Hietala, J.R.

Wendt, Gas phase chemical detection with an integrated chemical analysis system, Eur. Frequency Time Forum, 1999, IEEE Int. Frequency Control Symp., Proc. 1999 Joint Meeting, Besançon, France, (1999) 991–996.

[74] P.R. Lewis, P. Manginell, D.R. Adkins, R.J. Kottenstette, D.R. Wheeler, S.S. Sokolowski, D.E. Trudell, J.E. Byrnes, M. Okandan, J.M. Bauer, R.G. Manley, C. Frye-Mason, Recent Advancements in the Gas-Phase MicroChemLab, IEEE Sensors Journal, 6 (3) (2006) 784–796.

[75] R.P. Manginell G.C. Frye-Mason, R.J. Kottenstette, P.R. Lewis, C.C. Wong, Microfabricated planar preconcentrator, Tech. Digest 2000 Sol.-State Sensor and Actuator Workshop Transducers Research Foundation, Cleveland, OH, USA, (2000) 179–182.

[76] C.E. Davis, C.K. Ho, R.C. Hughes, M.L. Thomas, Enhanced detection of m-xylene using a preconcentrator with a chemiresistor sensor, Sensors and Actuators B, 104 (2005) 207–216.

[77] M. M. M. Crain, K. Walsh, R. A. McGill, E. Houser, J. Stepnowski, S. Stepnowski, H.-D. Wu, S. Ross, Microfabricated vapor preconcentrator for portable ion mobility spectroscopy, Sensors and Actuators B, 126 (2007) 447–454.

[78] R.A. McGill, S.V. Stepnowski, E.J. Houser, D. Simonson, V. Nguyen, J.L. Stepnowski, H. Summers, M. Rake, K. Walsh, M. Crain, J. Aebersold, S.K. Ross, CASPAR a microfabricated preconcentrator for enhanced detection of chemical agents and explosives, Eurosensors, Goteborg, Sweden, 2006.

[79] R.A. McGill, E.J. Houser, Linear chemoselective carbosilane polymers and methods for use in analytical and purification applications, U.S. Patent No. 6660230, 9 Dec. 2003.

[80] M.D. Martin, T.J. Roussel, S. Cambron, J. Aebersold, D. Jackson, K. Walsh, J. -T. Lin, M.G. O'Toole, R. Keynton, Performance of stacked, flow-through micropreconcentrators for portable trace detection, International Journal Ion Mobility Spectrometry, 13 (2010) 109–119.

[81] I. Voiculescu, R.A. McGill, M.E. Zaghloul, D. Mott, J. Stepnowski, S. Stepnowski, H. Summers, V. Nguyen, S. Ross, K. Walsh, M. Martin, Micropreconcentrator for Enhanced Trace Detection of Explosives and Chemical Agents, IEEE Sens. J., 6 (2006) 1094–1104.

[82] I. Voiculescu, Design and Development of MEMS Devices for Trace Detection of Hazardous Materials, Dissertation, George Washington University, Washington, DC, USA, 2005.

[83] F. Blanco, X. Vilanova, V. Fierro, A. Celzard, P. Ivanov, E. Llobet, N. Cañellas, J. L. Ramırez, X. Correig, Fabrication and characterisation of microporous activated carbon-based preconcentrators for benzene vapours, Sensors and Actuators B, 132 (1) (2008) 90–98.

[84] H. Lahlou, J. -B. Sanchez, X. Vilanova, F. Berger, X. Correig, V. Fierro, A. Celzard, Towards a GC-based microsystem for benzene and 1,3 butadiene detection: Pre-concentrator characterization, Sensors and Actuators B, 156 (2011) 680–688.

[85] H. Lahlou, X. Vilanova, V. Fierro, A. Celzard, E. Llobet, X. Correig, Preparation and characterisation of a planar pre-concentrator for benzene based on different activated carbon materials deposited by air-brushing, Sensors and Actuators B, 154 (2011) 213–219.

[86] H. Lahlou, J. -B. Sanchez, Y. Mohsen, X. Vilanova, F. Berger, E. Llobet, X. Correig, V. Fierro, A. Celzard, I. Gracia, C. Cane, A planar micro-concentrator/injector for low power consumption microchromatographic analysis of benzene and 1,3 butadiene, Microsyst Technol, 18 (2012) 489–495.

[87] B. Alfeeli, L. T. Taylor, M. Agah, Evaluation of Tenax TA Thin Films as Adsorbent Material for Micro Preconcentration Applications, Microchemical Journal, 95 (2010) 259–267.

[88] B. Alfeeli, V. Jain, R. K. Johnson, F. L. Beyer, J. R. Heflin, M. Agah, Characterization of poly(2,6-diphenyl-p-phenyleneoxide) films as

adsorbent for microfabricated preconcentrators, Microchemical Journal, 98 (2011) 240–245.

[89] A. B. Alamin Dow, W. Lang, A micromachined preconcentrator for ethylene monitoring system, Sensors and Actuators B, 151 (1) (2010) 304–307.

[90] A. B. Alamin Dow, A. Sklorz, W. Lang, A Microfluidic Preconcentrator for Enhanced Monitoring of Ethylene Gas, Sensors and Actuators A, 167 (2010) 226–230.

[91] E.H.M. Camara, P. Breuil, D. Briand, L. Guillot, C. Pijolat, N.F. de Rooij, Micro gas preconcentrator in porous silicon filled with a carbon absorbent, Sensors and Actuators B, 148 (2) (2010) 610–619.

[92] W.-C. Tian, S.W. Pang, C.-J. Lu, E.T. Zellers, Microfabricated preconcentrator-focuser for a micro scale gas chromatograph, Journal of Microelectromechanical Systems, 12 (2003) 264–272.

[93] W.-C. Tian, H.K.L. Chan, S.W. Pang, C.-J. LIP, E.T. Zellers, High sensitivity three-stage microfabricated preconcentrator focuser for micro gas chromatography, 12th International Conference on Solid-State Sensors, Actuators and Microsystems, Transducers 03, Boston, MA, USA, (2003) 131–134.

[94] M. Li, S. Biswas, M. H. Nantz, R. M. Higashi, X.-A. Fu, A microfabricated preconcentration device for breath analysis, Sensors and Actuators B, (in press) (2012) doi: 10.1016/j.snb.2012.07.034.

[95] W.-C. Tian, H.K.L. Chan, C.-J. Lu, S.W. Pang, E.T. Zellers, Multiple-Stage Microfabricated Preconcentrator-Focuser for Micro Gas Chromatography System, IEEE Journal of Microelectromechanical systems, 14 (2005) 498–507.

[96] W.-C. Tian, S. W. Pang, E. T. Zellers, Microelectromechanical heating apparatus and fluid preconcentrator device, US Patent No. 6,914,220, 2005.

[97] E.T. Zellers, S. Reidy, R.A. Veeneman, R. Gordenker, W.H. Steinecker, G.R. Lambertus, H. Kim, J.A. Potkay, M.P. Rowe, Q. Zhong,

C. Avery, H.K.L. Chan, R.D. Sacks, K. Najafi, K.D. Wise, An integrated micro-analytical system for complex vapor mixtures, Solid-State Sensors, Actuators and Microsystems Conference 2007, Transducers 2007, Lyon, France, (2007) 1491–1496.

[98] T. Sukaew, H. Chang, G. Serrano, E. T. Zellers, Multi-stage preconcentrator/focuser module designed to enable trace level determinations of trichloroethylene in indoor air with a microfabricated gas chromatograph, Analyst, 136 (2011) 1664–1674.

[99] H. Chang, S. K. Kim, T. Sukaew, F. Bohrer, E. T. Zellers, Microfabricated Gas Chromatograph for Sub-ppb Determinations of TCE in Vapor Intrusion Investigations, Procedia Engineering, 5 (2010) 973–976.

[100] A. Rydosz, W. Maziarz, T. Pisarkiewicz, K. Domanski, P. Grabiec, A gas micropreconcentrator for low level acetone measurements, Microelectronics Reliability, 52 (2012) 2640–2646.

[101] V. Fierro, V. Torné-Fernandez, D. Montané, A. Celzard, Adsorption of phenol onto activated carbons having different textural and surface properties Microporous and Mesoporous Materials, 111 (2008) 276–284.

[102] H. Lahlou, X. Vilanova, X. Correig, Gas phase micro-preconcentrators for benzene monitoring: A review, Sensors and Actuators B, 176 (2012) 198–210.

[103] I. Gràcia, P. Ivanov, F. Blanco, N. Sabaté, X. Vilanova, X. Correig, L. Fonseca, E. Figueras, J. Santander, C. Cané, Influence of the internal gas flow distribution on the efficiency of a µ- preconcentrator, Sensors and Actuators B, 135 (1) (2008) 52–56.

[104] C. Duran, X. Vilanova, J. Brezmes, E. Llobet, X. Correig, Thermal desorption pre-concentrator based system to assess carbon dioxide contamination by benzene, Sensors and Actuators B, 131 (2008) 85–92.

[105] W. A. Groves, E. T. Zellers, G. C. Frye, Analyzing organic vapors in exhaled breath using a surface acoustic wave sensor array with

preconcentration: Selection and characterization of the preconcentrator adsorbent, Analytica Chimica Acta, 371 (1998) 131–143.

[106] E.H.M. Camara, P. Breuil, D. Briand, N.F. de Rooij, C. Pijolat, A micro gas preconcentrator with improved performance for pollution monitoring and explosives detection, Analytica Chimica Acta, 688 (2011) 175–182.

[107] M.-Y. Wong, W.-R. Cheng, M.-H. Liu, W.-C. Tian, C.-J. Lu, A preconcentrator chip employing μ-SPME array coated with in-situ-synthesized carbon adsorbent film for VOCs analysis, Talanta, 101 (2012) 307–313.

[108] T. Nakamoto, Y. Isaka, T. Ishige, T. Moriizumi, Odour-sensing system using preconcentrator with variable temperature, Sensors and Actuators B, 69 (2000) 58–62.

[109] S. C. Terry, J. H. Jerman, J. B. Angell, A gas chromatographic air analyzer fabricated on a silicon wafer, IEEE transactions on electron devices, Vol. 26, 12 (1979) 1880–1886.

[110] R. R. Reston, E. S. Kolesar, Silicon-micromachined gas chromatographic system used to separate and detect ammonia and nitrogen dioxide – Part I: design, fabrication and integration of the gas chromatography system, Journal of microelectromechanical systems, Vol. 3, 4 (1994) 134–146.

[111] R. R. Reston, E. S. Kolesar, Silicon-micromachined gas chromatographic system used to separate and detect ammonia and nitrogen dioxide – Part II: evaluation, analysis and theoretical modeling of the gas chromatography system, Journal of microelectromechanical systems, Vol. 3, 4 (1994) 147–154.

[112] C. M. Matzke, R. J. Kottenstette, S. A. Casalnuovo, G. C. Frye-Mason, M. L. Hudson, D. Y. Sasaki, R. P. Manginell, C. C. Wong, Microfabricated silicon gas chromatographic micro-channels: fabrication and performance, Part of the SPIE conference on micromachining and

microfabrication process technology IV, Santa Clara, 3511 (1998) 262–268.

[113] P. A. Smith, Person-portable gas chromatography: Rapid temperature program operation through resistive heating of columns with inherently low thermal mass properties Journal of Chromatography A, 1261 (2012) 3–45.

[114] J.A. Potkay, G. R. Lambertus, R. D. Sacks, and K. D. Wise, A Low-Power Pressure- and Temperature-Programmable Micro Gas Chromatography Column, Journal of Microelectromechanical Systems, 16 (2007) 1071–1079.

[115] A.C. Lewis, J. F. Hamilton, C. N. Rhodes, J. Halliday, K. D. Bartle, P. Homewood, R. J.P. Grenfell, B. Goody, A. M. Harling, P. Brewer, G. Vargha, M. J.T. Milton, Microfabricated planar glass gas chromatography with photoionization detection, Journal of Chromatography A, 1217 (2010) 768–774.

[116] S. Reidy, D. George, M. Agah, R. Sacks, Temperature-Programmed GC Using Silicon Microfabricated Columns with Integrated Heaters and Temperature Sensors, Anal. Chem., 79 (2007) 2911–2917.

[117] S. Reidy, G. Lambertus, J. Reece, and R. Sacks, High Performance, Static-Coated Silicon Microfabricated Columns for Gas Chromatography, Anal. Chem., 78 (2006) 2623–2630.

[118] S. Ali, M. Ashraf-Khorassani, L. T. Taylor, M. Agah, MEMS-based semi-packed gas chromatography columns, Sensors and Actuators B, 141 (2009) 309–315.

[119] J.-B. Sanchez, A. Schmitt, F. Berger, and C. Mavon, Silicon-Micromachined Gas Chromatographic Columns for the Development of Portable Detection Device, Journal of Sensors (2010), Article ID 409687, doi:10.1155/2010/409687.

[120] J.-B. Sanchez, F. Berger, W. Daniau, P. Blind, M. Fromm, M-H. Nadal, Development of a gas detection micro-device for hydrogen fluoride vapours, Sensors and Actuators B, 113 (2006) 1017–1024.

[121] J.-B. Sanchez, F. Berger, M. Fromm, M.-H. Nadal, A selective gas detection micro-device for monitoring the volatile organic compounds pollution, Sensors and Actuators B, 119 (2006) 227–233.

[122] P. Arpino, A. Prévot, J. Serpinet, J. Tranchant, A. Vergnol, P. Witier, Manuel pratique de chromatographie en phase gazeuse, Masson, 4ème édition (1995).

[123] S. Constantin, R. Freitag, Preparation of stationary phases for open-tubular capillary electrochromatography using the sol–gel method, Journal of Chromatography A, 887 (2000) 253–263.

[124] G. Wiranto, M. R. Haskard, D. E. Mulcahy, D. E. Davey, E. F. Dawes, Microengineered open tubular columns for GC analysis, Proceedings of SPIE–The International Society for Optical Engineering, 3891 (1999) 168–177.

[125] G. Serrano, S. M. Reidy, E. T. Zellers, Assessing the reliability of wall-coated microfabricated gas chromatographic separation columns, Sensors and Actuators B, 141 (2009) 217–226.

[126] V. R. Reid, M. Stadermann, O. Bakajin, R. E. Synovec, High-speed, temperature programmable gas chromatography utilizing a microfabricated chip with an improved carbon nanotube stationary phase, Talanta, 77 (2009) 1420–1425.

[127] M. Stadermann, A. D. McBrady, B. Dick, V. R. Reid, A. Noy, R. E. Synovec and O. Bakajin, Ultrafast Gas Chromatography on Single-Wall Carbon Nanotube Stationary Phases in Microfabricated Channels, Anal. Chem., 78 (2006) 5639–5644.

[128] United States Environmental Protection Agency (EPA) – Technical Fact Sheet – 2,4,6-Trinitrotoluene (TNT), May 2012.

[129] M. B. Pushkarsky, I. G. Dunayevskiy, M. Prasanna, A. G. Tsekoun, R. Go, C. Kumar N. Patel, High-sensitivity detection of TNT, Applied Physical Sciences, 103 (2006) 19630–19634.

[130] T. Osborn, S. Kaimal, S. W. Reeve, W. Burns, Spectral signatures for RDX based explosives in the 3 micron region, Proc. of SPIE, Vol. 6945, 69451S, (2008), doi: 10.1117/12.777874.

[131] T. Osborn, S. Kaimal, W. Burns, A. R. Ford, S. W. Reeve, Spectral signatures for volatile impurities in TNT and RDX based explosives, Proc. of SPIE, Vol. 6945, 69451B, (2008), doi: 10.1117/12.777844.

[132] W.-S. Chen, G.-C. Huang, Sonochemical decomposition of dinitrotoluenes and trinitrotoluene in wastewater, Journal of Hazardous Materials, 169 (2009) 868–874.

[133] International Agency for Research on Cancer (IARC), 2-Nitrotoluene, Monographs, volume 101 (2012).

[134] M. Nipper, Y. Qian, R. Scott Carr, K. Miller, Degradation of picric acid and 2,6-DNT in marine sediments and waters: the role of microbial activity and ultra-violet exposure, Chemosphere, 56 (2004) 519–530.

[135] L. Agüí, D. Vega-Montenegro, P. Yañez-Sedeño, J. M. Pingarrón, Rapid voltammetric determination of nitroaromatic explosives at electrochemically activated carbon-fibre electrodes, Anal Bioanal Chem, 382 (2005) 381–387.

[136] INFICON, Solid phase microextraction (SPME) and HAPSITE ER: Detection of an explosive and several explosive taggants in air, (2009).

[137] J. A. Widegren, T. J. Bruno, Gas Saturation Vapor Pressure Measurements of Mononitrotoluene Isomers from (283.15 to 313.15) K, J. Chem. Eng. Data, 55 (2010) 159–164.

CHAPITRE II

Caractérisation et sélection d'adsorbants pour la préconcentration de l'ortho-nitrotoluène

1 Introduction

Avant de présenter le process technologique de réalisation de la plate-forme micro-fluidique et d'étudier en détail ses performances pour la concentration et la séparation de l'ONT, il est primordial de caractériser les adsorbants qui seront utilisés dans le micro-préconcentrateur.

En effet, le choix de l'adsorbant dans un dispositif de préconcentration nécessite une étude détaillée et une connaissance approfondie de ses propriétés et de ses caractéristiques. Dans ce contexte, l'objectif principal de ce chapitre porte sur la caractérisation de différents adsorbants identifiés pour l'adsorption de l'ONT afin de déterminer leurs capacités d'adsorption vis-à-vis de la molécule cible. En particulier, cette étude vise à évaluer la cinétique d'adsorption et de désorption et déterminer la température optimale de désorption nécessaire pour avoir une désorption rapide et totale du polluant.

L'obtention de toutes ces informations nous permettra de présélectionner le(s) meilleur(s) adsorbant(s) à utiliser dans le micro-préconcentrateur.

Après une présentation des différents adsorbants identifiés, ce chapitre s'attachera dans un premier temps à détailler les techniques de caractérisation utilisées. Ensuite, les différents résultats expérimentaux obtenus par chaque technique seront interprétés et discutés afin d'orienter notre choix sur les adsorbants présentant les meilleures performances pour l'adsorption de l'ONT.

2 Adsorption, adsorbat et adsorbants

2.1 Adsorption

L'adsorption est le processus au cours duquel les molécules d'un fluide (gaz ou liquide), appelé **adsorbat**, viennent se fixer sur la surface d'un solide, appelé **adsorbant**.

Il existe deux types de processus d'adsorption : **adsorption physique** ou **physisorption** et **adsorption chimique** ou **chimisorption** [1, 2].

Dans le cas de l'adsorption physique, la fixation de molécules d'adsorbat sur la surface d'adsorbant se fait essentiellement soit par les forces de Van der Waals soit par les forces dues aux interactions électrostatiques de polarisation, dipôles et quadripôles pour les adsorbants ayant une structure ionique. L'adsorption physique se produit sans modification de la structure moléculaire et est dans un certain nombre de cas réversible (c'est-à-dire que les molécules adsorbées peuvent être plus ou moins facilement désorbées en diminuant la pression ou en augmentant la température).

Dans le cas de l'adsorption chimique, le processus résulte d'une réaction chimique avec formation de liaisons chimiques entre les molécules d'adsorbat et la surface de l'adsorbant. L'énergie de liaison est beaucoup plus forte que dans le cas de l'adsorption physique et le processus est irréversible.

L'adsorption est un processus exothermique qui se produit donc avec un dégagement de chaleur, ce qui conduit à un échauffement du solide.

En règle générale, les adsorbants présentent des pores de tailles différentes. La classification des pores adoptée par l'Union Internationale de Chimie Pure et Appliquée (IUPAC) est fondée sur leur taille, et selon cette classification, nous pouvons distinguer trois types de pores :

➢ Les micropores dont la taille est inférieure à 2 nm
➢ Les mésopores dont la taille est comprise entre 2 et 50 nm
➢ Les macropores dont la taille est supérieure à 50 nm

La relation entre la dimension de la molécule à adsorber et la taille des pores de l'adsorbant est importante. En effet, pour pouvoir adsorber une quantité importante d'adsorbat, le diamètre des pores de l'adsorbant doit être compatible avec la dimension de la molécule cible.

Avant de présenter en détail les différents adsorbants étudiés dans ce travail, nous allons tout d'abord préciser les caractéristiques physico-chimiques de la molécule cible de cette étude : l'ortho-nitrotoluène (ONT).

2.2 Caractéristiques de l'ortho-nitrotoluène (ONT)

2.2.1 Propriétés physico-chimiques

Un des paramètres importants à connaître est la pression de vapeur saturante de l'ortho-nitrotoluène.

Une étude récente a été réalisée pour déterminer la pression de vapeur saturante de l'ONT dans un domaine de température allant de 10 à 40°C (**Tableau II-1**). Cette étude a montré que cette pression varie de 5,53 à 61,1 Pa [3].

T (K)	P_{sat} (Pa)
283,15	5,53
293,15	12,7
303,15	29,7
313,15	61,1

Tableau II-1 : Pressions de vapeur saturante de l'ONT en Pa [3]

La figure II-1 représente la variation de la pression de vapeur saturante de l'ONT en fonction de la température.

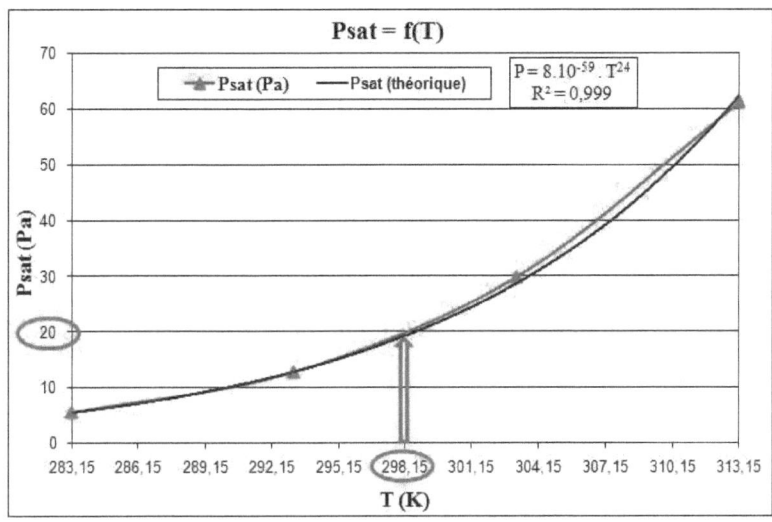

Figure II-1 : Variation de la pression de vapeur saturante de l'ONT en fonction de la température

Ce tracé permet de déterminer la valeur de cette pression à 25°C (298 K) à savoir : 20 Pa.

Cette pression est faible, mais par comparaison avec la pression de vapeur saturante du TNT à 25°C ($2,6.10^{-2}$ Pa), nous constatons que cette valeur est 770 fois supérieure.

Dans le tableau II-2 sont répertoriées les principales propriétés physico-chimiques de l'ortho-nitrotoluène (ONT) :

	T_{fusion} (°C)	$T_{ébullition}$ (°C)	$T_{décomposition}$ (°C)	$\mathbf{P_{sat}}$ **à 25°C (mbar)**	Masse volumique ($g.cm^{-3}$)
ONT	-10	222	270	**0,2**	1,163

Tableau II-2 : Propriétés physico-chimiques de l'ONT

Le tableau II-2 montre que la température de dégradation de l'ONT est de 270°C. Cette valeur impose donc la température limite à utiliser pour réaliser la désorption de l'ONT de l'adsorbant sans dégrader thermiquement cette molécule.

2.2.2 Dimensions et structure

Le logiciel "Arguslab" a été utilisé afin d'évaluer les dimensions de la molécule d'ortho-nitrotoluène (ONT). Les valeurs des diamètres de Van Der Walls de l'hydrogène et de l'oxygène sont mentionnées dans le tableau II-3. On note que le diamètre de Van Der Walls d'un atome correspond au diamètre d'une sphère théorique qui peut être utilisée pour modéliser l'atome.

	H-H	O-O
Diamètres de Van Der Walls σ (nm)	0,218	0,304

Tableau II-3 : *Valeurs des diamètres de la sphère de Van Der Walls de l'hydrogène et de l'oxygène*

La figure II-2 présente la structure en 3D de la molécule d'ONT. En tenant compte des diamètres de Van Der Walls de l'hydrogène et de l'oxygène, nous évaluons la dimension maximale de cette molécule à 0,876 nm.

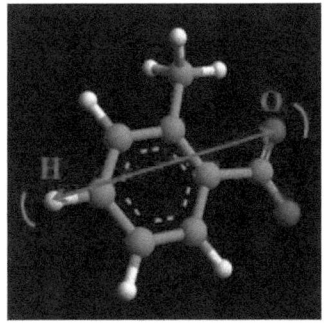 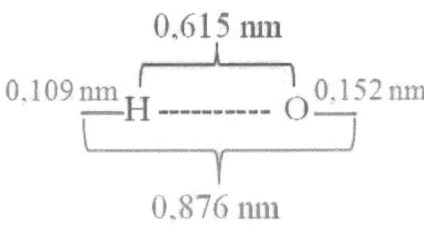

Figure II-2 : Dimension du 2-nitrotoluène (ONT)

Cette simulation, montre que la molécule d'ortho-nitrotoluène présente une dimension relativement importante (0,876 nm).

Il est alors nécessaire d'identifier des adsorbants présentant des diamètres de pores pouvant accueillir cette molécule.

Le paragraphe suivant va présenter en détail les différents adsorbants identifiés pour l'adsorption de l'ONT.

2.3 Présentation des adsorbants étudiés

Les différents adsorbants choisis pour cette étude sont les suivants : le charbon Norit N, les charbons lignin KL_1, KL_2 et KL_3, le Tenax TA (polymère) et une zéolithe désaluminée hydrophobe (DAY).

Le choix de ces trois familles d'adsorbants est effectué dans le but d'étudier une série de matériaux poreux de natures différentes.

Les 4 types de charbons et le Tenax TA sont choisis car ils sont largement connus et utilisés dans les domaines d'adsorption et de préconcentration de gaz ou de vapeurs. La zéolithe DAY sélectionnée est quant à elle plus originale pour des applications dans des micro-préconcentrateurs.

Détaillons à présent, les caractéristiques de chacun de ces adsorbants.

2.3.1 Les charbons

Les charbons sont les matériaux les plus utilisés dans le domaine de l'adsorption de polluants. Ils sont généralement employés sous forme de poudre ou de grains selon l'application [4].

Les charbons sont composés de micro-cristaux élémentaires de graphite (graphènes) assemblés selon une orientation aléatoire. Les espaces entre ces cristallites forment des pores dont la distribution de taille est généralement assez large.

La figure II-3 représente le schéma d'un grain de charbon en faisant apparaître les différents sites d'adsorption (pores).

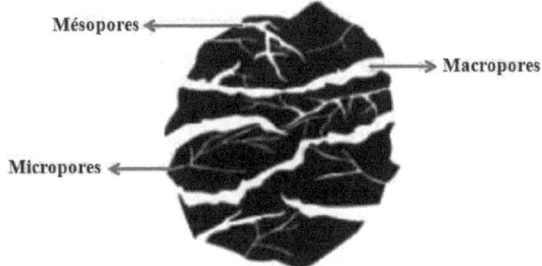

Figure II-3 : Schéma d'un grain de charbon

Plusieurs précurseurs sont utilisés pour élaborer les charbons comme les matériaux fossiles (lignite, bois), les matériaux d'origine végétale (coque de noix de coco) et les matériaux synthétiques (cellulose) [5].

Les propriétés des charbons actifs dépendent alors de la nature du précurseur dont ils dérivent.

Les charbons actifs sont issus de la carbonisation et de l'activation des matériaux carbonés. La carbonisation consiste à éliminer les composés organiques volatils (COV) entrant dans la composition des matériaux carbonés. A ce stade, les charbons obtenus sont des matériaux poreux, amorphes et complètement hydrophobes.

Après la carbonisation, les charbons subissent l'activation qui permet de libérer la porosité interne créée lors de la carbonisation de ces matériaux.

Cette étape permet également de créer des groupements fonctionnels à la surface, ainsi que d'élargir les diamètres d'ouvertures des pores [5].

Il existe des procédés d'activation physique et chimique.

Dans le cas de l'activation physique, les charbons sont activés à des températures allant de 850 à 1100°C en présence de gaz oxydants comme le dioxygène ou encore le dioxyde de carbone.

Concernant l'activation chimique, différents agents chimiques sont utilisés comme les hydroxydes de potassium et de sodium (KOH et NaOH), l'acide phosphorique (H_3PO_4) et le chlorure de zinc ($ZnCl_2$). Dans ce cas, la carbonisation et l'activation sont réunies en une seule étape. Le matériau carboné est imprégné dans l'agent activant puis pyrolysé sous atmosphère inerte à des températures comprises entre 400 et 800°C.

Les propriétés des charbons actifs obtenus (diamètres de pores, volume poreux, composition chimique de la surface, ...) dépendent du procédé d'activation utilisé, de la nature de l'agent activant, de la température et de la durée d'activation.

De ce phénomène d'activation résulte la possibilité de préparer des charbons actifs ayant une distribution des pores très étroite et ayant de grandes surfaces spécifiques (1000 à 3000 $m^2.g^{-1}$) [5-7].

La surface des charbons actifs est essentiellement non-polaire et de ce fait, ils adsorbent de préférence les composés organiques non-polaires ou faiblement polaires. Cependant, durant l'étape d'activation, il peut se former des groupements fonctionnels (groupements oxygénés et hydroxyles). Ces derniers peuvent donner au charbon un caractère acide et des propriétés hydrophiles ce qui peut défavoriser l'adsorption de molécules non polaires mais favoriser celle de molécules polaires.

La figure II-4 montre un exemple d'un matériau carboné activé par KOH pour améliorer sa structure poreuse.

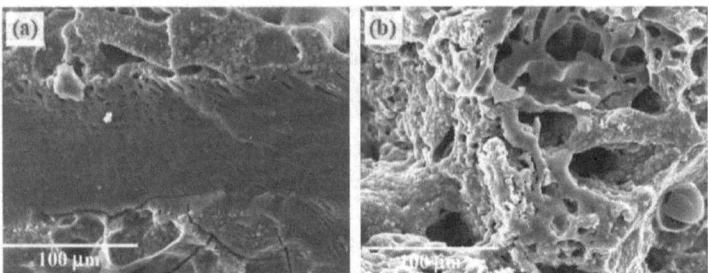

Figure II-4 : *Images MEB d'un matériau carboné (a) non activé, (b) activé par KOH [7]*

Le grand volume poreux, la surface spécifique importante et la bonne stabilité thermique (jusqu'à 900°C) des charbons actifs leur confèrent des capacités d'adsorption et de désorption importantes.

Tous les charbons utilisés dans cette étude sont activés par KOH afin de réduire la taille des particules et d'augmenter les diamètres des pores [6].

Le tableau II-4 donne les conditions de préparation et d'activation des charbons utilisés ainsi que les diamètres des particules obtenues. Ici R représente le rapport en masse entre KOH et le charbon, r correspond à la vitesse de chauffage et T est la température d'activation utilisée.

Charbons	Précurseur	Conditions d'activation			Diamètres des particules (µm)
		R	r (°C.min^{-1})	T (°C)	
N	Norit	3	3	775	$10 < \varnothing < 20$
KL$_1$	Kraft lignin	1,1	3	700	$\varnothing < 50$
KL$_2$	Kraft lignin	3,6	3	770	$\varnothing < 50$
KL$_3$	Kraft lignin	6	3	770	$\varnothing < 50$

Tableau II-4 : *Conditions d'activation et diamètres des particules des charbons utilisés [6]*

2.3.2 Le Tenax TA

Le Tenax TA ou oxyde de 2,6-diphényl-p-diphénylène est un polymère poreux commercialisé par Sigma Aldrich et qui présente une densité de 0,25 g.cm^{-3}. La taille des particules est comprise entre 150 et 180 µm et il possède des pores de l'ordre de 200 nm (macropores). Le Tenax a une faible affinité pour l'eau et il est stable thermiquement jusqu'à 350°C [8, 9].

La maille 80/100 est une unité de porosité qui se répète périodiquement et elle correspond à la taille des particules. Ceci signifie dans ce cas que le Tenax possède des particules de tailles comprises entre 180 (80) et 150 (100) µm.

La figure II-5 montre une photo MEB de la structure poreuse des particules du Tenax TA.

Figure II-5 : Photo MEB des particules du Tenax TA [8]

Le Tenax est utilisé comme matériau adsorbant pour diverses applications analytiques, notamment pour la préconcentration de composés organiques volatils et pour le suivi de la qualité de l'air et des émissions industrielles. Cet adsorbant granulaire est également utilisé comme phase stationnaire en chromatographie gazeuse [9-11].

2.3.3 La zéolithe DAY

La zéolithe proposée à l'étude ici, est commercialisée par la société DEGUSSA sous le nom de Wessalith DAY [12]. Elle possède un rapport Si/Al élevé (> 100) qui lui confère un caractère hydrophobe important. La Wessalith DAY est une faujasite Y désaluminée par le tétrachlorure de silicium ($SiCl_4$).

La désalumination permet d'éliminer les atomes d'aluminium, c'est-à-dire augmenter le rapport Si/Al et par suite à augmenter le caractère hydrophobe [13].

Les diamètres des particules de cette zéolithe varient entre 3 et 5 µm et elle possède une bonne stabilité thermique ($\leq 1000°C$).

La faujasite est composée d'un empilement de cages sodalites ou cages β, de diamètre interne de l'ordre de 6,6 Å avec un diamètre d'ouverture de leur fenêtre d'accès de 2,2 Å et formées chacune par 24 tétraèdres.

100

Ces cages sont reliées entre elles par des doubles prismes hexagonaux, appelés D6R pour Double 6-Rings. Les cages sodalites assemblées donnent la structure finale cubique des faujasites. Les super-cages, ou cage α, ont un diamètre interne de 13 Å, et un diamètre d'ouverture de 7,4 Å. La figure II-6 représente la structure cristalline de la faujasite [14].

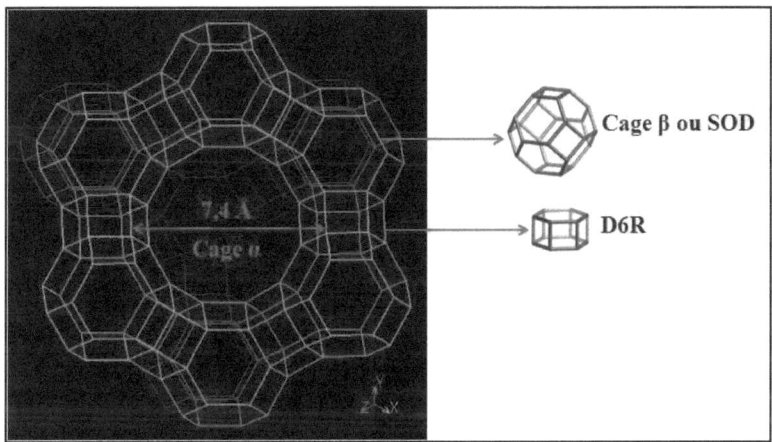

Figure II-6 : *Structure cristalline de la Faujasite [14]*

La charpente ainsi créée est très rigide et contient un des plus grands volumes poreux relatifs à une zéolithe. Une maille élémentaire de faujasite est constituée de 192 tétraèdres formant huit cages β et huit cages α.

Les zéolithes constituent une classe de matériaux bien adaptée à diverses applications telles que l'adsorption et la séparation des composés, la catalyse et le piégeage de molécules.

Vue la diversité d'applications de ces zéolithes, elles sont depuis quelques années utilisées comme couches ou membranes sensibles et sélectives dans les domaines des capteurs (micro-leviers, capteurs de gaz, micro-balances à quartz, ...) [15].

L'étude bibliographique ne révèle aucune application de ces zéolithes dans les micro-préconcentrateurs. Nous avons donc choisi d'utiliser la zéolithe DAY comme adsorbant afin d'étudier sa capacité d'adsorption et de désorption de l'ONT dans les micro-préconcentrateurs.

On note également que le choix de cette zéolithe repose principalement sur le fait qu'elle présente un grand diamètre d'ouverture de pores (7,4 Å), et un caractère hydrophobe important qui est nécessaire pour s'affranchir de la présence d'eau comme interférent.

Après cette présentation des différents adsorbants sélectionnés et susceptibles de convenir à l'adsorption de l'ONT, nous allons à présent décrire les techniques d'analyses utilisées pour déterminer les propriétés poreuses et étudier l'adsorption de vapeurs en surface de ces matériaux.

3 Techniques de caractérisation des adsorbants

Le choix de la technique d'analyse et des conditions expérimentales dépend des informations que l'on souhaite obtenir pour caractériser les adsorbants.

Dans cette étude, deux approches expérimentales sont envisagées. La première consiste à caractériser à la fois les charbons, le Tenax et la zéolithe afin de connaitre précisément la structure poreuse de ces matériaux. La seconde approche doit conduire à la détermination des capacités d'adsorption et de désorption du polluant sur les différents adsorbants.

Deux techniques seront utilisées pour étudier en détail ces matériaux : la manométrie pour la caractérisation de la porosité et la thermogravimétrie pour l'évaluation d'une part de la capacité d'adsorption/désorption et d'autre part de l'affinité de l'adsorbant vis-à-vis de l'adsorbat (ONT).

La manométrie est une technique basée sur la mesure de la pression de gaz adsorbable à volume et température constants [16]. Les analyses sont réalisées par adsorption d'azote à la température de 77 K.

La thermogravimétrie est une technique basée sur la mesure de la variation de masse (perte ou gain) que subit un échantillon au cours des étapes d'adsorption et de désorption. L'adsorption est effectuée soit sous flux de gaz chargé en molécules cibles, soit en présence d'un gaz pur [16].
Pour la thermogravimétrie, deux appareils seront utilisés : l'analyse thermogravimétrique ATG 92 et la thermobalance de type Mc Bain.

3.1 Manométrie d'adsorption d'azote

La manométrie d'adsorption d'azote (N_2) permet de déterminer les caractéristiques poreuses des solides et en particulier la surface spécifique, le volume poreux et la distribution des diamètres de pores.
L'appareil utilisé est du type **Micromeritics ASAP 2020** (**Figure II-7**). L'adsorption d'azote (N_2) s'effectue à 77 K sur des échantillons préalablement dégazés sous vide.

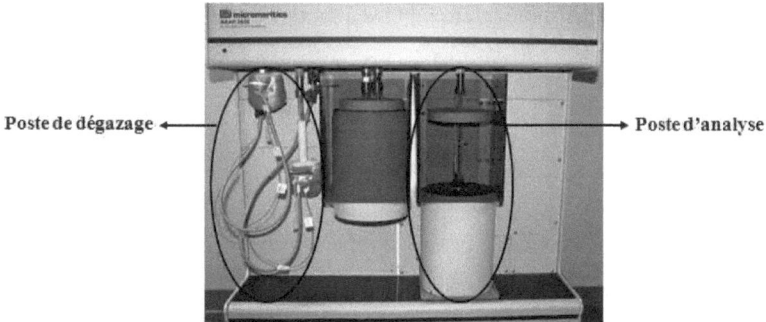

Poste de dégazage ← → Poste d'analyse

Figure II-7 : Appareil Micromeritics ASAP 2020 : postes de dégazage et d'analyse

L'isotherme d'adsorption de l'azote est tracée point par point, par adsorption de petites quantités de N_2 obtenues par incréments successifs de pression.

Pour les adsorbants contenant des mésopores, la taille et le volume des pores ont été calculés par la méthode de Barrett, Joyner et Halenda (BJH) [17].

La méthode BJH est classiquement utilisée avec l'azote à 77 K comme gaz d'adsorption mais d'autres gaz pourraient aussi être testés.

Le principe de la méthode BJH repose sur une analyse discrète de la branche de désorption, en partant de la pression relative la plus élevée atteinte.

Pour établir et calculer la distribution de taille de mésopores, cette méthode prend en compte la gamme de pression relative où l'on a l'hystérésis.

Dans le cas des solides microporeux, les valeurs ont été estimées par la méthode de Horvath-Kawazoe (HK). Cette méthode permet de calculer la distribution de la taille des micropores et de déterminer le volume microporeux [17].

La méthode HK a été initiée pour exploiter des isothermes obtenues à l'azote sur des tamis moléculaires possédant des pores en fentes. Elle a été ensuite étendue aux cas des matériaux présentant des pores cylindriques (extension de Saïto et Foley) et sphériques dans le cas de l'interaction de l'argon (Ar) ou de l'azote (N_2) sur des zéolithes ou des aluminophosphates [18, 19].

L'idée de base ici est que la pression relative P/P_0 nécessaire pour remplir un pore de taille et de forme donnée est directement reliée à l'énergie d'interaction adsorbat/adsorbant et elle dépend de la nature de l'adsorbant et de la géométrie des pores.

3.1.1 Préparation des échantillons

Avant chaque analyse, les échantillons sont dégazés. Cette étape, effectuée à des températures élevées et sous vide permet de désorber les molécules adsorbées dans les conditions ambiantes de pression et de température. Ainsi, à la différence du Tenax TA qui est dégazé à 200°C pour éviter toute décomposition thermique, les autres échantillons (charbons et zéolithe) sont dégazés à une température de 300°C pendant 5 h.

Après l'étape de dégazage, les isothermes d'adsorption de chaque adsorbant peuvent être tracées.

3.2 Analyses thermogravimétriques ATG 92

L'analyse thermogravimétrique (ATG) est une technique utilisée pour mesurer la variation de masse d'un échantillon en fonction de la température appliquée.

L'étape d'adsorption est réalisée à température ambiante, et sous un flux constant de polluant (ONT).

L'étape de désorption est obtenue en chauffant l'échantillon à différentes températures.

3.2.1 Préparation des échantillons

L'étude concerne l'évaluation de la capacité d'adsorption et de désorption des adsorbants suivants : les charbons N, KL_1, KL_2, KL_3, le Tenax TA et la zéolithe désaluminée DAY.

Pour ce faire, une masse proche de 4 mg d'échantillons en poudre est introduite dans une nacelle en verre puis suspendue au ressort de la micro-balance.

L'échantillon est ensuite dégazé par chauffage sous un flux d'azote fixé à 100 mL.min^{-1} (élimination des éventuels composés organiques et H_2O adsorbés pendant la période de stockage).

Le tableau II-5 rassemble les conditions de dégazage des différents adsorbants étudiés :

Adsorbants	$M_{initiale}$ (mg)	T (°C)	Durée (h)	$M_{restante}$ (mg)	Perte (%)
Charbon N	4,1	300	5	4,02	2
Charbon KL$_1$	5,14	300	5	4,39	17
Charbon KL$_2$	3,7	300	5	3,38	9,5
Charbon KL$_3$	4,09	300	5	3,76	8,7
Tenax TA	4,1	200	5	4,1	0
DAY	4,01	300	5	3,98	0,8

Tableau II-5 : Variations de masses des échantillons pendant les dégazages

Dans le cas de charbon KL$_1$, la perte de masse obtenue de 17% résulte de la désorption des molécules adsorbées dans les conditions ambiantes, mais également de molécules KOH qui ont été utilisées pour activer l'échantillon.

Pour le Tenax et la zéolithe DAY, on constate une perte de masse très faible voire nulle.

Après cette étape de dégazage, l'échantillon est exposé pendant un temps t aux vapeurs d'ONT (22 ppm) dilué dans l'azote sous un flux constant de 100 mL.min^{-1} et à la température ambiante.

Après l'étape d'adsorption, l'échantillon est chauffé à l'aide d'une montée linéaire de température afin de désorber le polluant.

3.3 Thermogravimétrie Mc Bain

La thermogravimétrie est une technique qui permet de mesurer toute variation de masse obtenue par adsorption et/ou désorption de molécules sur un adsorbant en fonction de la température ou de la pression.

106

La thermogravimétrie Mc Bain permet de déterminer l'affinité d'adsorption d'un adsorbant à faible pression vis-à-vis du composé étudié. Cette affinité est liée à l'interaction qui aura lieu entre le composé et les sites d'adsorption de l'adsorbant.

La thermobalance utilisée est de type Mc Bain (**Figure II-8**) et a été entièrement conçue et réalisée au laboratoire IRM – équipe Adsorption sur Solide Poreux (ASP) de l'institut Carnot de Bourgogne. Cette technique, qui nécessite très peu d'échantillon, permet de détecter une variation de masse de l'ordre de 0,02 mg. Toutes les expériences sont réalisées sous pression de vapeur saturante de l'ortho-nitrotoluène (0,2 mbar).

Les adsorbants étudiés avec cette technique sont les charbons N, KL$_2$ et la zéolithe DAY.

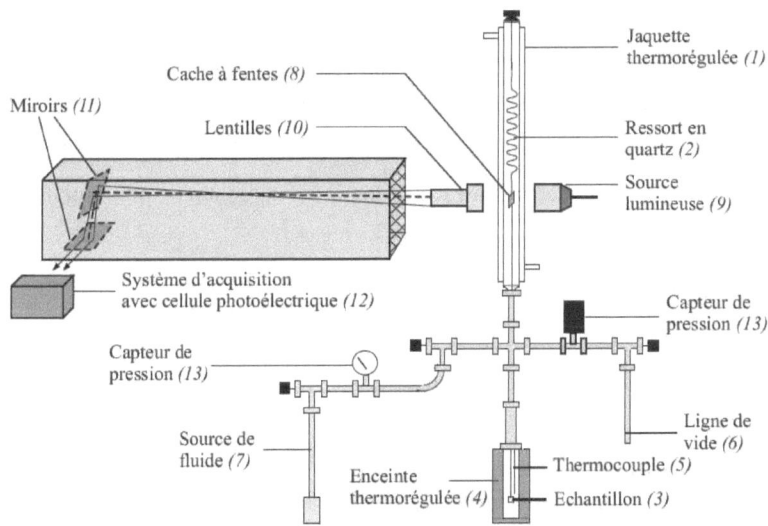

Figure II-8 : *Représentation schématique d'une thermobalance Mc Bain*
[20]

Le dispositif expérimental est constitué des éléments suivants :

- ➢ Une jaquette en verre à double paroi (1) thermorégulée à 323 K dans laquelle est fixé un ressort en quartz (2) solidaire d'une nacelle en aluminium où est déposé l'échantillon à analyser (3).
- ➢ Une enceinte thermorégulée (4) contenant la nacelle en aluminium dans laquelle est placé l'échantillon d'adsorbant. Elle permet par chauffage à l'aide d'une source de tension d'atteindre une température élevée. Pour fixer la température à 298 K et travailler en isotherme, la cellule est balayée par une circulation d'eau externe.
- ➢ Un thermocouple (5) placé au voisinage de la nacelle permettant la mesure de la température réelle.
- ➢ Une ligne de vide (6) constituée d'une pompe turbo-moléculaire permettant d'atteindre une pression de l'ordre de 10^{-5} hPa.
- ➢ Une source de fluide (7) où le liquide (ONT) à l'état pur, est placé à température ambiante.
- ➢ Un système optique constitué d'une source lumineuse (9), d'un cache à fentes (8), de lentilles (10), d'un système de miroirs (11) et d'une cellule photoélectrique (12) reliée à un enregistreur pour suivre les variations de longueur du ressort.
- ➢ Deux capteurs de pression (13).

3.3.1 Méthodologie expérimentale

- *Préparation de la source de fluide*

La préparation du point froid, c'est-à-dire la cellule qui contient l'ONT liquide, est une opération délicate et importante. En effet, les expériences devant être effectuées en phase gazeuse pure, il est indispensable d'éliminer toute trace d'eau ou de gaz dissout dans le fluide.

Pour cela, le point froid contenant environ 50 ml d'ONT liquide, est dégazé sous vide secondaire (10^{-5} hPa) avant de commencer l'application des incréments de pression.

- *Mise en œuvre des expériences d'adsorption/désorption*

Avant toute expérience d'adsorption d'un gaz sur un adsorbant, l'échantillon doit être activé. Pour ce faire, l'adsorbant est chauffé sous vide dynamique de l'ordre de 10^{-5} hPa afin d'éliminer toutes les molécules adsorbées dans les conditions ambiantes de pression et de température par l'échantillon.

Après cette étape d'activation de l'échantillon, les mesures sont effectuées en mode isotherme à la température de 25°C.

Pour ce faire, l'échantillon est soumis à des incréments successifs de pression de l'état de référence (adsorbant activé) à l'état final (adsorbant saturé) pour décrire la branche d'adsorption de l'isotherme. Ensuite, l'échantillon est soumis à des décréments de pression pour décrire la branche de désorption. Chaque incrément ou décrément de pression est effectué après avoir obtenu un palier de masse.

Après avoir décrit chaque appareillage et les méthodes de préparation des échantillons, nous allons dans le paragraphe suivant présenter et discuter les différents résultats obtenus.

4   Résultats et discussion

4.1   Manométrie d'adsorption d'azote

Pour pouvoir interpréter les différentes isothermes d'adsorption obtenues par la manométrie d'azote à 77 K, il est nécessaire de rappeler les différentes isothermes existantes.

4.1.1 Classification des isothermes d'adsorption

L'allure des isothermes d'adsorption physique donne des indications sur la structure poreuse des échantillons étudiés. C'est une donnée expérimentale qui doit être prise en considération avant de tenter d'obtenir des informations quantitatives.

L'analyse peut en être faite à l'aide de la classification des isothermes d'adsorption physique en cinq types très distincts, décrite initialement par Brunauer, Deming et Teller [2, 21].

C'est cette classification qui a été reprise par l'IUPAC en 1985 et que nous reproduisons sur la figure II-9, dans laquelle a été ajoutée une isotherme d'adsorption à marches, observée plus tard.

➤ Isotherme d'adsorption de type I

L'isotherme d'adsorption de type I est caractéristique de solide microporeux. La quantité d'azote adsorbée augmente assez rapidement aux basses pressions puis atteint un plateau. Les interactions adsorbat-adsorbant sont fortes. Ce type d'isotherme est observé généralement avec des charbons microporeux et des zéolithes [2, 22].

➤ Isotherme d'adsorption de type II

L'isotherme d'adsorption de type II est caractéristique d'une adsorption multimoléculaire et elle est obtenue avec les adsorbants non poreux ou macroporeux. On observe alors une transition continue de l'adsorption monocouche à l'adsorption multicouche jusqu'à la condensation capillaire.

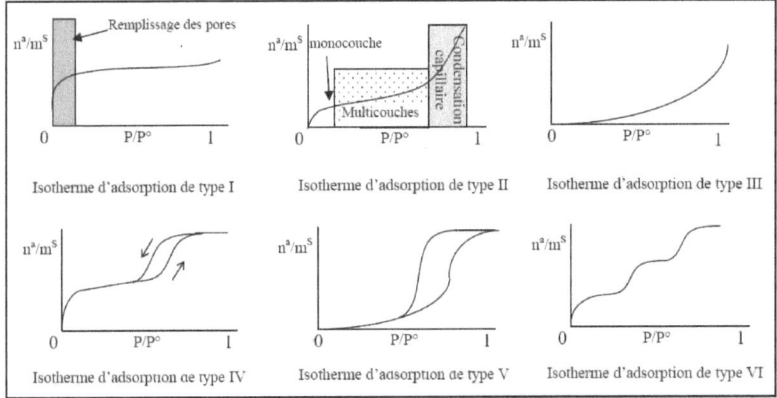

Figure II-9 : Classification des isothermes d'adsorption physique donnée par l'IUPAC. n^a/m^s représente la quantité adsorbée par unité de masse du solide en fonction de la pression relative P/P_0 [2]

➤ **Isotherme d'adsorption de type III et V**

Les isothermes de type III et V sont rares et elles sont observées lorsque les interactions adsorbant/adsorbat sont faibles. C'est le cas de l'adsorption de la vapeur d'eau sur des surfaces hydrophobes.

➤ **Isotherme d'adsorption de type IV**

Ce type d'isotherme est observé avec des adsorbants mésoporeux (2 < D < 50 nm) et elle est caractérisée par la formation d'une hystérésis lors de la désorption qui reflète la présence de mésopores. La présence de deux paliers peut résulter de la formation de deux couches successives d'adsorbat à la surface du solide.

➤ **Isotherme d'adsorption de type VI**

Cette isotherme est observée lors de l'adsorption sur une surface non poreuse très homogène. Elle est caractérisée par la formation de plusieurs couches successives (apparition de marches).

4.1.2 Isothermes d'adsorptions d'azote des différents adsorbants

Les différents adsorbants étudiés ici sont : les charbons N, KL_1, KL_2 et KL_3, le Tenax TA ainsi que la zéolithe DAY.

La figure II-10 rassemble les différentes isothermes d'adsorption/désorption d'azote obtenues pour chaque adsorbant.

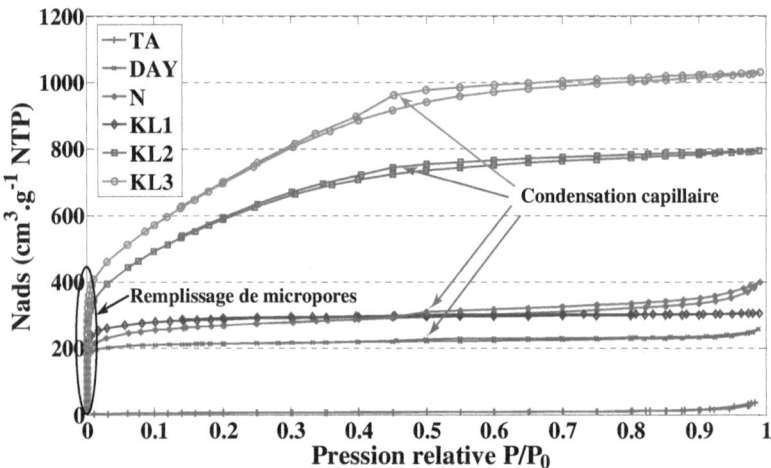

Figure II-10 : Isothermes d'adsorption/désorption d'azote du Tenax TA, de la zéolithe DAY et des charbons N, KL_1, KL_2 et KL_3

Le tableau II-6 regroupe les caractéristiques poreuses (S_{BET}, V_P et D_P) déterminées d'après les isothermes obtenues pour les charbons N, KL_1, KL_2 et KL_3, le Tenax TA et la zéolithe DAY.

Adsorbant	S_{BET} $(m^2.g^{-1})$	V_T* $(cm^3.g^{-1})$	$V_{micropore\ HK}$ $(cm^3.g^{-1})$	$V_{mésoporeux}$ $(cm^3.g^{-1})$	$D_{micropore}$ (nm)	$D_{mésopore}$ (nm)
N	916	0,617	0,334 (54%)	0,283 (46%)	0,52	4,96
KL$_1$	976	0,472	0,391 (83%)	0,081 (17%)	0,50	4,25
KL$_2$	2150	1,229	0,535 (44%)	0,694 (56%)	0,59	3,66
KL$_3$	2572	1,593	0,629 (40%)	0,964 (60%)	0,6	3,74
TA	20	0,056	/	0,053 (94%)	/	16
DAY	717	0,398	0,30 (75%)	0,098 (25%)	0,75	2 – 15

Tableau II-6 : Surface BET, volume poreux et diamètre de pores des différents adsorbants testés. * Volume du liquide à $P/P_0 = 1$

- **Charbon N :** L'isotherme obtenue est un mélange de type I + IV [23]. Le début est de type I qui est caractéristique du remplissage des micropores où la courbe est pentue à basse pression relative. La suite de l'isotherme est de type IV où le remplissage des mésopores se fait à pression moyenne et relativement élevée. L'hystérésis formée montre la présence d'un phénomène de condensation capillaire qui se produit dans les mésopores où les molécules d'adsorbat (N_2) viennent se condenser.

- **Charbon KL$_1$:** L'isotherme obtenue est de type I caractéristique de solide microporeux où le remplissage des micropores se fait à très faible pression avec formation d'un plateau lorsque la surface est totalement remplie. On note également que ce charbon possède un volume mésoporeux faible et une petite surface externe comparé aux autres charbons de la même famille.

- **Charbons KL$_2$ et KL$_3$:** Au vue des isothermes d'adsorption d'azote (N$_2$) des charbons KL$_2$ et KL$_3$ et de leur interprétation, on constate que ces deux derniers adsorbants possèdent des surfaces spécifiques très élevées (2150 m^2.g^{-1} pour KL$_2$ et 2572 m^2.g^{-1} pour KL$_3$). Par ailleurs, ces charbons possèdent un volume mésoporeux très supérieur aux autres adsorbants étudiés. Ces constats laissent présager d'une forte capacité d'adsorption de ces deux derniers adsorbants.

- **Tenax TA :** Le Tenax possède un volume poreux très faible et une surface spécifique autour de 20 m^2.g^{-1}. L'isotherme obtenue est typique des solides non poreux ou macroporeux [24]. On constate que la quantité d'azote adsorbée commence à augmenter à partir d'une pression relative de 0,8.

- **Zéolithe DAY :** La zéolithe étudiée possède une isotherme de type I. Le plateau formé à la fin montre que tous les pores sont remplis ainsi que la surface. L'hystérésis formée lors de la désorption est due à la présence de mésopores (25% du volume poreux total).

L'analyse des isothermes d'adsorption permet également d'accéder à la distribution de la taille des micropores et donc de voir dans quelle mesure l'espèce adsorbable, en l'occurrence l'ONT, peut sonder tout ou parties de la microporosité de l'échantillon examiné.

La figure II-11 présente la distribution de la taille des micropores des charbons N, KL$_1$, KL$_2$, KL$_3$ et de la zéolithe DAY.

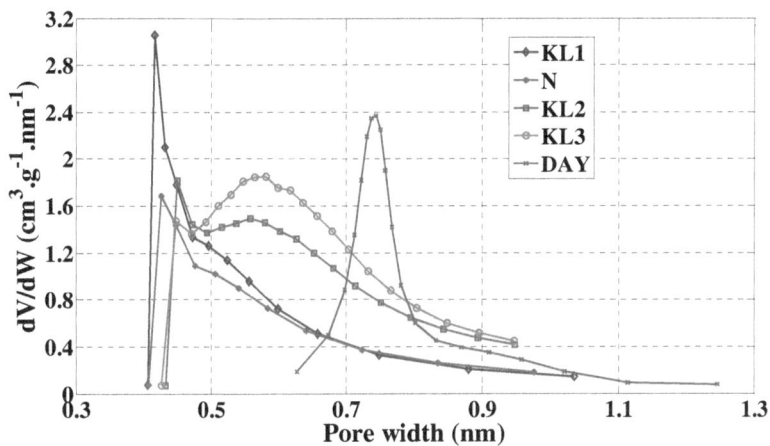

Figure II-11 : *Distribution de la taille des micropores des charbons N,*
KL_1, KL_2, KL_3 et de la zéolithe DAY

D'après cette représentation, la distribution de la taille des micropores des charbons N et KL_1 est plus étroite que celle relative aux charbons KL_2 et KL_3. Les diamètres de pores varient entre 0,4 et 1 nm avec une valeur moyenne de 0,5 nm pour les charbons N et KL_1. Pour les charbons KL_2 et KL_3, les diamètres de pores varient entre 0,4 et 0,95 nm avec une valeur moyenne de 0,6 nm.

L'analyse de la figure II-11, montre que les charbons KL_2 et KL_3 possèdent une fraction de micropores supérieure à 0,75 nm plus importante que les charbons KL_1 et N. Ce dernier point souligne que l'adsorption de l'ONT présentant une dimension maximale de l'ordre de 0,87 nm semble être plus favorable sur les charbons KL_2 et KL_3 au vue de leur distribution de tailles de pores plus large.

Pour la zéolithe DAY, on constate que la distribution de la taille des micropores est étroite et homogène ($0,67 \leq D_p \leq 0,83$ nm) avec un maximum à 0,75 nm.

4.1.3 Synthèse

Cette étude préliminaire à l'aide de la manométrie d'adsorption d'azote nous a permis de décrire la structure poreuse des différents adsorbants identifiés pour cette étude et de déterminer leurs surfaces spécifiques, volumes poreux et diamètres de pores.

L'étape suivante consiste à évaluer les capacités d'adsorption et de désorption de ces différents adsorbants vis-à-vis du polluant cible (ONT).

L'étude consiste à déterminer en particulier les cinétiques d'adsorption et de désorption et également d'évaluer la température optimale de désorption du polluant. Ce travail sera réalisé à l'aide de la technique de thermogravimétrie ATG 92.

4.2 Étude par thermogravimétrie ATG 92

Tous les adsorbants (Tenax TA, Charbons N, KL_1, KL_2 et KL_3, et la Zéolithe DAY) sont analysés et étudiés à l'aide de cette technique. Le débit total de la vapeur d'ONT (22 ppm) dans la cellule de mesure est fixé à 100 mL.min^{-1} pour toutes les acquisitions (polluant dilué dans l'azote ou azote seul). L'adsorption est réalisée à température ambiante. Les temps d'adsorption peuvent ici sembler très élevés (plusieurs heures). Toutefois cette durée est nécessaire pour permettre d'une part de sortir du bruit de l'appareil et d'autre part, observer une variation de masse suffisante de l'échantillon afin de calculer les vitesses d'adsorption et de désorption.

Le calcul du pourcentage de la masse adsorbée se fait de la manière suivante :

$$\% \, Masse \; adsorbée = \frac{Masse \; adsorbée}{Masse \; échantillon} * 100$$

La vitesse d'adsorption et de désorption de l'ortho-nitrotoluène sur les adsorbants est obtenue à partir de la pente de la droite correspondante à la branche d'adsorption et de désorption.

La détermination de la température de désorption de l'ortho-nitrotoluène est nécessaire afin d'obtenir une désorption totale. Pour désorber complètement le polluant tout en évitant de le dégrader, nous avons effectué la désorption à 230°C. Cette température est proche et supérieure de la température d'ébullition du polluant (222°C) et éloignée de sa température de décomposition (270°C).

4.2.1 Étude du Tenax TA

L'analyse est réalisée sur un échantillon de 4,1 mg. La figure II-12 représente la variation de la masse de l'échantillon au cours de l'étape d'adsorption.

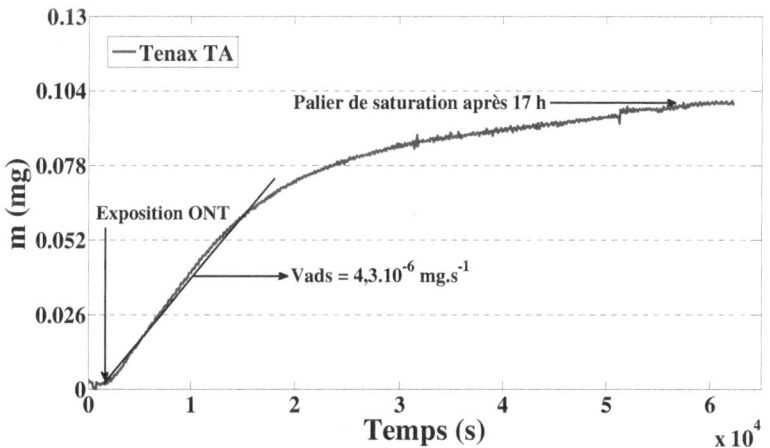

Figure II-12 : *Courbe d'adsorption du Tenax TA*

- Lors de la phase d'adsorption, on constate que la surface se sature avec une faible quantité de polluant (0,1 mg). Ce constat s'explique par le fait que cet adsorbant macroporeux possède une surface spécifique et un volume poreux faibles. Le pourcentage de la masse adsorbée est de 2,4% et la vitesse d'adsorption moyenne calculée est voisine de $4,3.10^{-6}$ mg.s^{-1}.

- L'étape de désorption est ici inexploitable étant donné la très faible quantité de matière adsorbée. Il est alors difficile de sortir du bruit de l'appareil.

En conclusion, le Tenax TA montre une très faible capacité d'adsorption de l'ONT.

4.2.2 Étude de la zéolithe DAY

L'échantillon étudié pèse 4,010 mg et est exposé aux vapeurs d'ONT (22 ppm) pendant 26h17min. Au bout de cette durée, la masse adsorbée est égale à 0,518 mg, ce qui correspond à un pourcentage d'adsorption de 13%. La figure II-13 présente le thermogramme d'adsorption et de désorption obtenu pour l'analyse de cet adsorbant.

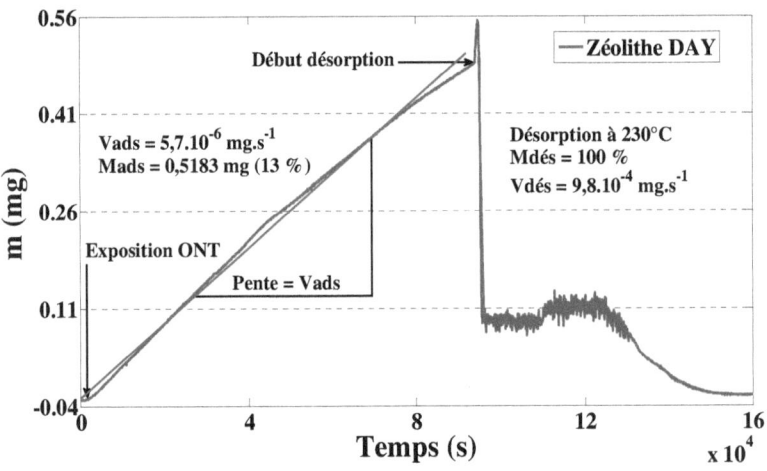

***Figure II-13** : Courbe d'adsorption et de désorption de la zéolithe DAY*

On note que pendant ce temps d'adsorption, l'échantillon n'a pas atteint un palier de saturation. Cependant la quantité d'ONT adsorbée est suffisante pour calculer la vitesse d'adsorption et exploiter clairement la phase de désorption.

La vitesse d'adsorption calculée à partir de la branche d'adsorption est égale à $5,7.10^{-6}$ mg.s^{-1}, alors que la vitesse de désorption déduite de la branche de désorption est égale à $9,8.10^{-4}$ mg.s^{-1}.

D'après la courbe de désorption, on constate que 100% de la quantité d'ONT adsorbée est désorbée par chauffage de l'échantillon à 230°C. Ce constat confirme qu'une température de 230°C est suffisante pour désorber l'ortho-nitrotoluène.

4.2.3 Étude des charbons N, KL$_1$, KL$_2$, KL$_3$

Les quatre charbons ont été étudiés par ATG afin d'évaluer leurs capacités d'adsorption vis-à-vis de l'ortho-nitrotoluène (ONT). Les résultats obtenus ont montré des comportements différents de certains charbons pour l'adsorption et la désorption de l'ONT.

Concernant le charbon Norit, les résultats ont montré que cet adsorbant possède une importante capacité d'adsorption de l'ONT. Néanmoins, nous avons constaté qu'il était difficile de désorber l'ONT de cet adsorbant, même à des températures élevées (300°C).

L'étude du charbon KL$_1$ a montré une adsorption de l'ONT nulle. Ce constat peut s'expliquer par la structure microporeuse de ce charbon très importante ne permettant pas ou très peu l'adsorption de la molécule d'ONT.

Dans un souci de clarté, nous ne représenterons ici que les thermogrammes des charbons KL$_2$ et KL$_3$.

Concernant les charbons KL$_2$ et KL$_3$, les thermogrammes obtenus sont représentés sur la figure II-14.

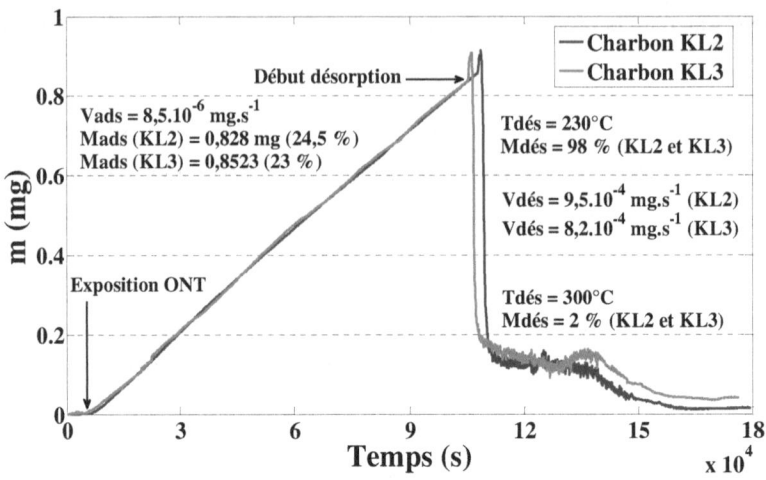

Figure II-14 : Courbe d'adsorption et de désorption des charbons KL$_2$ et

KL$_3$

Les masses, les temps d'adsorption et les quantités adsorbées par ces deux charbons sont rassemblés dans le tableau II-7 :

Adsorbants	$M_{initiale}$ (mg)	$M_{après \ dégazage}$ (mg)	Temps Ads. (h)	$M_{adsorbée}$ (mg)	$M_{adsorbée}$ (%)	Vitesse Ads. (mg.s^{-1})
Charbon KL$_2$	3,7	3,38	28	0,8288	24,52	8,5.10^{-6}
Charbon KL$_3$	4,09	3,76	28	0,8523	23	8,5.10^{-6}

Tableau II-7 : Conditions d'adsorption des charbons KL$_2$ et KL$_3$

L'analyse de ces deux thermogrammes montre que les charbons KL$_2$ et KL$_3$ présentent une cinétique d'adsorption identique.

On remarque également que le chauffage à 230°C de ces deux charbons a permis de désorber 98% de la masse totale d'ONT adsorbée. Une seconde chauffe a été effectuée à 300°C pour ces échantillons afin de désorber complètement l'ONT de ces deux charbons.

D'après ces thermogrammes, la vitesse de désorption calculée pour le charbon KL_2 ($9,5.10^{-4}$ mg.s^{-1}) est plus élevée que celle calculée pour le charbon KL_3 ($8,2.10^{-4}$ mg.s^{-1}).

4.2.4 Synthèse

Afin de comparer les différents résultats expérimentaux obtenus à l'aide de cette technique d'analyse thermogravimétrique (vitesse d'adsorption/désorption et quantité adsorbée), nous rassemblons les résultats obtenus sur les différents adsorbants pour une durée commune d'adsorption de 17 h dans le tableau II-8.

Adsorbants	$M_{échantillon}$ (mg)	$M_{adsorbée}$ en 17h (%)	V_{ads} (ng.s^{-1})	$V_{dés}$ (ng.s^{-1})	$M_{désorbée}$ à 230°C (%)
Charbon N	4,02	13,6	$8,3 \pm 4\%$	$360 \pm 16\%$	80
Charbon KL_1	4,39	0	0	0	0
Charbon KL_2	3,38	15,2	$8,5 \pm 2,5\%$	$950 \pm 4,5\%$	98
Charbon KL_3	3,76	14	$8,5 \pm 1,7\%$	$820 \pm 4\%$	98
Tenax TA	4,1	2,4	$4,3 \pm 4,7\%$	/	/
Zéolithe DAY	3,98	9,2	$5,7 \pm 5\%$	$980 \pm 6\%$	100

Tableau II-8 : Comparaison des masses adsorbées et des vitesses d'adsorption et de désorption de l'ONT sur les différents adsorbants

Cet inventaire nous permet de tracer l'histogramme de la figure II-15 indiquant la vitesse d'adsorption, la quantité adsorbée et également la vitesse de désorption de l'ONT.

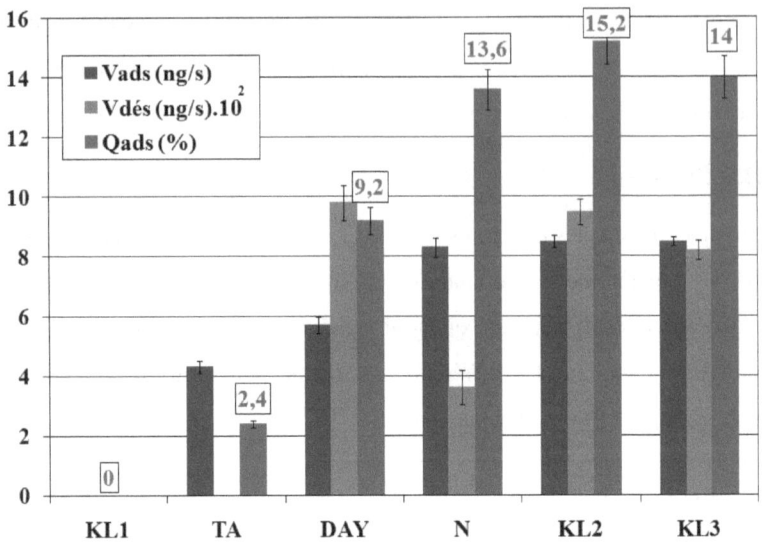

Figure II-15 : Histogramme représentant la quantité d'ONT adsorbée en 17 h et les vitesses d'adsorption et de désorption de l'ONT sur les différents adsorbants

D'après l'histogramme de la figure II-15, on constate que les trois charbons N, KL_2 et KL_3 présentent des capacités d'adsorption importantes et relativement proches. La zéolithe DAY présente également une capacité d'adsorption intéressante de l'ONT.

Les capacités d'adsorption des adsorbants vis-à-vis de l'ONT peuvent être classées de la manière suivante :

$Q_{(KL2, KL3)} > Q_{(N)} > Q_{(DAY)} > Q_{(Tenax)} > Q_{(KL1)}$.

Concernant les vitesses d'adsorption, le même classement peut être effectué. On remarque en effet que les charbons N, KL_2 et KL_3 possèdent des vitesses d'adsorption élevées et sensiblement identiques.

Pour la zéolithe DAY, cette vitesse est plus faible (5,7 ng.s^{-1}), mais reste supérieure à celle du Tenax TA.

L'analyse de la phase de désorption de l'ONT des différents adsorbants montre qu'une température de 230°C est suffisante pour désorber la quasi-totalité du polluant adsorbé sur les charbons KL_2 et KL_3 (98%) et la totalité adsorbée sur la zéolithe DAY (100%). Par ailleurs, nous avons constaté que le charbon N retient plus fortement les molécules d'ONT.

Cette forte rétention de molécules d'ONT nécessite l'application d'une température de désorption plus élevée, de l'ordre de 300°C, pour désorber complètement le polluant de l'échantillon (au risque de le dégrader thermiquement).

En comparant les différentes vitesses de désorption des adsorbants, on constate que la zéolithe DAY possède la vitesse la plus importante. On peut alors attribuer le classement suivant :

$V_{dés (DAY)} > V_{dés (KL2)} > V_{dés (KL3)} > V_{dés (N)}$.

Sur la base de ces résultats expérimentaux, nous avons pu observer que le charbon KL_1 et le Tenax TA ne sont pas appropriés pour l'adsorption de l'ONT. Ils ne seront donc pas sélectionnés pour le remplissage des préconcentrateurs. Par contre, les adsorbants qui seront effectivement utilisés et testés dans les micro-préconcentrateurs sont le charbon N (malgré sa forte rétention des molécules d'ONT), les charbons KL_2 et KL_3 ainsi que la zéolithe DAY.

En complément de ces travaux sur la détermination de la structure poreuse des adsorbants et sur l'évaluation de leurs propriétés d'adsorption et de désorption, une étude plus fine a été réalisée dans le but de déterminer l'affinité des adsorbants vis-à-vis de l'ONT.

Cette étude est réalisée à l'aide de la thermogravimétrie de type Mc Bain.

4.3 Étude par thermogravimétrie Mc Bain

En se basant sur les résultats de l'ATG, les seuls adsorbants étudiés à l'aide de cette technique sont les charbons N et KL_2 ainsi que la zéolithe DAY. Le charbon KL_1 et le Tenax TA sont exclus car ils présentent une très faible capacité d'adsorption de l'ONT.

Le charbon KL_3 n'a pas été étudié car il présente des caractéristiques poreuses et une capacité d'adsorption similaires au charbon KL_2.

4.3.1 Tracé des isothermes et interprétation des résultats

Les isothermes d'adsorption/désorption représentent la variation de la quantité de matière adsorbée ou désorbée exprimée en gramme par gramme d'adsorbant activé en fonction de la pression d'équilibre P ou de la pression relative P/P_0 (P_0 étant la pression de vapeur saturante de l'ONT à 25°C.

Expérimentalement, on effectue des incréments successifs de pression de 0 à 0,2 mbar, pour explorer tout le domaine de pression relative compris entre 0 et 1 ($0 \leq P/P_0 \leq 1$).

Les différentes isothermes d'adsorption et de désorption obtenues sur les charbons N, KL_2 et la zéolithe DAY sont représentées sur le graphique de la figure II-16.

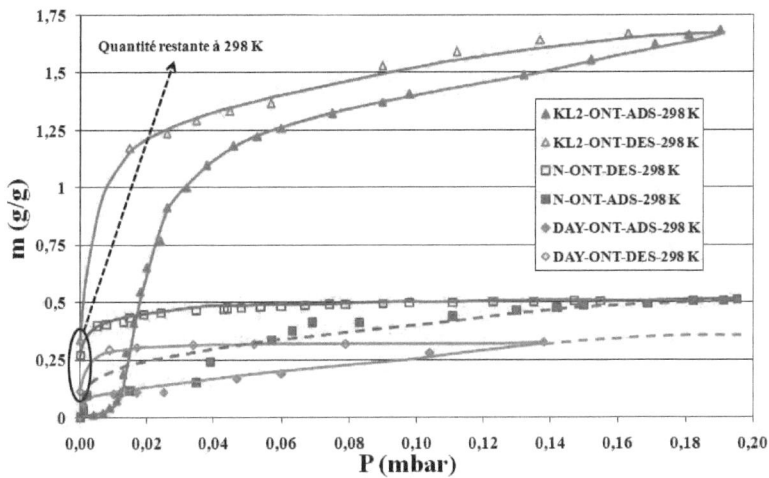

Figure II-16 : *Isothermes d'adsorption/désorption de l'ONT sur les charbons N, KL₂ et la zéolithe DAY à 298 K*

La comparaison des isothermes d'adsorption et de désorption de l'ortho-nitrotoluène (ONT) sur les charbons N, KL₂ et la zéolithe DAY nous permet de tirer plusieurs informations.

Tout d'abord, à faible pression de vapeur saturante de l'ONT (P < 0,005 mbar), le charbon N et la zéolithe DAY possèdent une affinité d'adsorption plus grande que le charbon KL₂. En effet d'après la figure II-17, à très faible pression, la pente de la phase d'adsorption est quasiment verticale pour le charbon N et la zéolithe DAY comparée à la pente de la phase d'adsorption du charbon KL₂.

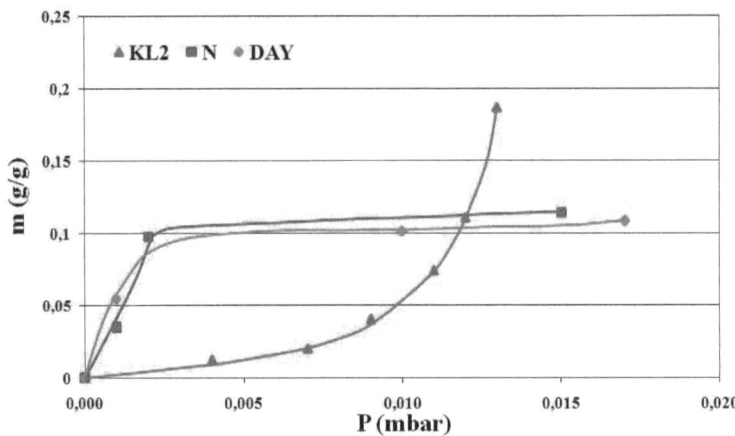

Figure II-17 : *Isothermes d'adsorption des charbons N, KL₂ et de la zéolithe DAY à faible pression de vapeur saturante de l'ONT*

En regardant les branches d'adsorption du charbon N et de la zéolithe DAY (**Figure II-17**), on constate qu'à faible pression de vapeur saturante de l'ortho-nitrotoluène, ces deux adsorbants possèdent quasiment la même affinité d'adsorption (pentes quasiment identiques).

D'après la figure II-16, la capacité d'adsorption du charbon KL_2 est beaucoup plus importante que le charbon N et la zéolithe DAY. Ce phénomène s'explique par le fait que la grande surface spécifique (2150 $m^2.g^{-1}$) et le volume poreux important (1,23 $cm^3.g^{-1}$) favorisent et augmentent la quantité d'ONT adsorbée.

À titre d'exemple, le tableau II-9 résume les quantités adsorbées d'ONT par ces trois échantillons à la même pression d'équilibre :

Pression	DAY	N	KL₂
0,035 mbar	15%	15,3%	100%

Tableau II-9 : *Comparaison de la quantité adsorbée par la zéolithe DAY et les charbons N et KL₂ à P = 0,035 mbar*

L'analyse cette fois-ci de la phase de désorption, montre que les trois adsorbants présentent une boucle d'hystérésis qui révèle la présence de mésopores dans ces matériaux. Cette boucle est liée au phénomène de condensation capillaire de l'ONT au sein de ces mésopores.

En comparant les isothermes de désorption, on constate que le charbon N montre une forte rétention de molécules d'ortho-nitrotoluène (ONT) par comparaison avec la zéolithe DAY et le charbon KL_2.

Le tableau suivant présente les pourcentages des quantités restantes à la température ambiante et sous vide secondaire :

Adsorbant	Quantité totale adsorbée (%)	Quantité restante (%)	Pourcentage restant
Zéolithe DAY	32,5	11,4	35%
Charbon N	51	27,5	54%
Charbon KL_2	169	34	20%

Tableau II-10 : *Quantités restantes après désorption à la température ambiante et sous vide secondaire de la zéolithe DAY et des charbons N et KL_2*

Pour les trois adsorbants, une fraction de molécules d'ONT restent piégée au sein du matériau à la température ambiante et sous vide secondaire (10^{-5} hPa). Cependant, on constate que pour le charbon N, le pourcentage de la quantité restante est plus élevé que pour les deux autres adsorbants. Elle représente plus de la moitié (54%) de la quantité totale adsorbée. Ce dernier point confirme la forte affinité du charbon N vis-à-vis de l'ONT.

Pour éliminer complètement la molécule d'ONT de ces échantillons, nous avons effectué la désorption par chauffage sous vide. La figure II-18 représente la courbe de régénération par chauffage des charbons N, KL_2 et de la zéolithe DAY.

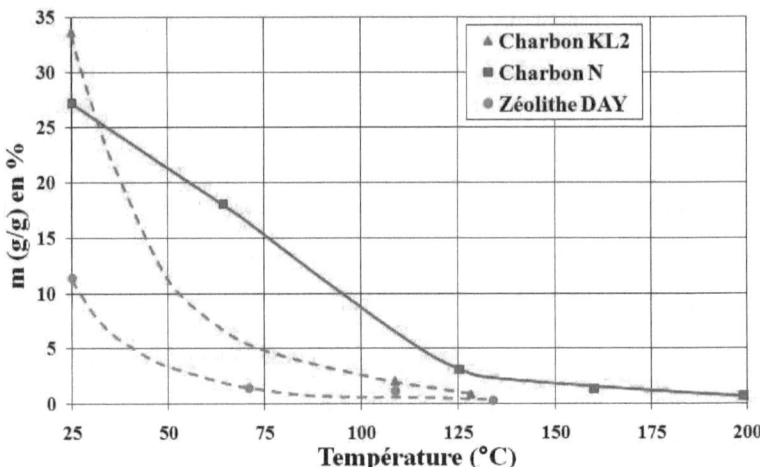

Figure II-18 : Courbes de régénération par chauffage des charbons N et KL₂ et de la zéolithe DAY

En comparant les trois échantillons, on constate clairement que la désorption de l'ONT par chauffage du charbon N est plus difficile et nécessite une température plus élevée (200°C) que pour les deux autres adsorbants.

Concernant la zéolithe DAY, on constate qu'une température de 100°C est suffisante pour désorber la quasi totalité de l'ONT. Ce dernier point confirme que la zéolithe a tendance à désorber facilement l'ONT de sa structure poreuse.

4.3.2 Synthèse des résultats

La thermogravimétrie de type Mc Bain a permis d'une part de déterminer les affinités d'adsorption des adsorbants vis-à-vis de l'ortho-nitrotoluène (ONT) et d'autre part, de confirmer les résultats de l'ATG.

Cette étude a notamment montré que la zéolithe DAY et le charbon N possèdent à faible pression de vapeur saturante de l'ONT une grande affinité d'adsorption par comparaison avec le charbon KL₂. Toutefois, aux pressions de vapeur saturante de l'ONT supérieures à 0,015 mbar, leurs capacités d'adsorption sont plus faibles que celle du charbon KL$_2$.

La forte rétention des molécules d'ONT dans les pores du charbon N est mise en évidence par la quantité importante de molécules restantes sous vide et à température ambiante (54%).

Cette observation confirme les résultats obtenus avec l'ATG 92 où nous avons pu constater que la vitesse de désorption du charbon N est plus lente que celle de la zéolithe DAY et du charbon KL$_2$.

5 Conclusion

L'objectif de ce chapitre était de caractériser différents matériaux poreux (charbons, polymère et zéolithe) en vue de leur utilisation comme adsorbant spécifique dans un micro-préconcentrateur. Les analyses ont été réalisées à l'aide de trois principales techniques de caractérisation complémentaires. La manométrie d'adsorption d'azote a été utilisée afin de caractériser la structure poreuse des matériaux adsorbants. L'analyse thermogravimétrique (ATG 92) a permis d'évaluer la capacité d'adsorption/désorption de chaque matériau. Enfin la thermobalance de type Mc Bain a été exploitée pour déterminer les affinités d'adsorption de certains adsorbants vis-à-vis de l'ortho-nitrotoluène.

La manométrie d'adsorption d'azote a montré que les charbons KL$_2$ et KL$_3$ présentent des volumes poreux et des surfaces spécifiques importants. Cette technique a également montré que la zéolithe DAY possède une distribution de taille de pores très homogène.

L'analyse thermogravimétrique ATG 92 a permis d'une part de déterminer les adsorbants qui possèdent les plus grandes capacités d'adsorption de l'ONT, à savoir les charbons N, KL$_2$ et KL$_3$ et la zéolithe DAY, et d'autre part, de déterminer la température optimale de désorption (230°C).

Les analyses par thermobalance de type Mc Bain sur la zéolithe DAY et les charbons N et KL_2 ont confirmé les résultats obtenus par l'ATG en ce qui concerne le comportement de ces trois adsorbants en terme de capacité d'adsorption. Cette technique a également montré que l'affinité la plus forte vis-à-vis de l'ONT est obtenue avec la zéolithe DAY et le charbon N.

Ces différents résultats ont montré que le charbon KL_1 et le Tenax TA n'adsorbent pas de manière significative l'ONT. La capacité d'adsorption de ces deux matériaux est trop faible pour les utiliser dans un préconcentrateur pour l'analyse d'ONT.

De cette étude ressort que les charbons KL_2, KL_3 et Norit ainsi que la zéolithe DAY sont de bons candidats pour l'adsorption de l'ONT et sont donc retenus pour la suite de ce travail.

En outre, notons que les propriétés structurales et les capacités d'adsorption des charbons KL_2 et KL_3 sont très proches.

En particulier, d'après les résultats expérimentaux, nous pouvons classer ces adsorbants selon leurs vitesses d'adsorption et de désorption :

Pour l'adsorption : KL_2, KL_3 > N > DAY

Pour la désorption : DAY > KL_2, KL_3 > N

A la suite de cette phase de caractérisation de différents adsorbants pour l'adsorption de l'ortho-nitrotoluène, le chapitre suivant s'attachera à détailler le process de fabrication des micro-systèmes (micro-préconcentrateur et micro-colonne chromatographique) pour réaliser la plate-forme micro-fluidique.

Liste des figures du chapitre II

Figure II-1 : Variation de la pression de vapeur saturante de l'ONT en fonction de la température 93

Figure II-2 : Dimension du 2-nitrotoluène (ONT) 95

Figure II-3 : Schéma d'un grain de charbon 96

Figure II-4 : Images MEB d'un matériau carboné (a) non activé, (b) activé par KOH [7] 98

Figure II-5 : Photo MEB des particules du Tenax TA [8] 100

Figure II-6 : Structure cristalline de la Faujasite [14] 101

Figure II-7 : Appareil Micromeritics ASAP 2020 : postes de dégazage et d'analyse 103

Figure II-8 : Représentation schématique d'une thermobalance Mc Bain [20] 107

Figure II-9 : Classification des isothermes d'adsorption physique donnée par l'IUPAC. n^a/m^s représente la quantité adsorbée par unité de masse du solide en fonction de la pression relative P/P_0 [2] 111

Figure II-10 : Isothermes d'adsorption/désorption d'azote du Tenax TA, de la zéolithe DAY et des charbons N, KL_1, KL_2 et KL_3 112

Figure II-11 : Distribution de la taille des micropores des charbons N, KL_1, KL_2, KL_3 et de la zéolithe DAY 115

Figure II-12 : Courbe d'adsorption du Tenax TA 117

Figure II-13 : Courbe d'adsorption et de désorption de la zéolithe DAY 118

Figure II-14 : Courbe d'adsorption et de désorption des charbons KL_2 et KL_3 120

Figure II-15 : Histogramme représentant la quantité d'ONT adsorbée en 17 h et les vitesses d'adsorption et de désorption de l'ONT sur les différents adsorbants 122

Figure II-16 : Isothermes d'adsorption/désorption de l'ONT sur les charbons N, KL_2 et la zéolithe DAY à 298 K 125

Figure II-17 : Isothermes d'adsorption des charbons N, KL$_2$ et de la zéolithe DAY à faible pression de vapeur saturante de l'ONT 126

Figure II-18 : Courbes de régénération par chauffage des charbons N et KL$_2$ et de la zéolithe DAY 128

Liste des tableaux du chapitre II

Tableau II-1 : Pressions de vapeur saturante de l'ONT en Pa [3] 92

Tableau II-2 : Propriétés physico-chimiques de l'ONT 93

Tableau II-3 : Valeurs des diamètres de la sphère de Van Der Walls de l'hydrogène et de l'oxygène 94

Tableau II-4 : Conditions d'activation et diamètres des particules des charbons utilisés [6] 99

Tableau II-5 : Variations de masses des échantillons pendant les dégazages 106

*Tableau II-6 : Surface BET, volume poreux et diamètre de pores des différents adsorbants testés. * Volume du liquide à P/P$_0$ = 1* 113

Tableau II-7 : Conditions d'adsorption des charbons KL$_2$ et KL$_3$ 120

Tableau II-8 : Comparaison des masses adsorbées et des vitesses d'adsorption et de désorption de l'ONT sur les différents adsorbants 121

Tableau II-9 : Comparaison de la quantité adsorbée par la zéolithe DAY et les charbons N et KL$_2$ à P = 0,035 mbar 126

Tableau II-10 : Quantités restantes après désorption à la température ambiante et sous vide secondaire de la zéolithe DAY et des charbons N et KL$_2$ 127

Références bibliographiques

[1] Sébastien Comte, Couplage de la chromatographie gazeuse inverse à un générateur d'humidité – étude de l'hydrophilie de surface de solides divisés et des limites de la technique, Thèse de l'Institut National Polytechnique de Toulouse, N° 2189, (2004).

[2] K. S. W. Sing, D. H. Everett, R. A. W. Haul, L. Moscou, R. A. Pierotti, J. Rouquerol, T. Siemieniewska, Reporting Physisorption Data for Gas/Solids Systems with special reference to the determination of surface area and porosity, Pure & Appl. Chem., 57, N° 4 (1985) 603–619.

[3] J. A. Widegren, T. J. Bruno, Gas Saturation Vapor Pressure Measurements of Mononitrotoluene Isomers from (283.15 to 313.15) K, J. Chem. Eng. Data, 55 (2010) 159–164.

[4] Mohammed Abdelbassat Slasli, Modélisation de l'adsorption par les charbons microporeux : Approches théorique et expérimentale, Thèse de l'Université de Neuchâtel, (2002).

[5] Laure Meljac, Étude d'un procédé d'imprégnation de fibres de carbone activées Modélisation des interactions entre ces fibres et le sulfure d'hydrogène, Thèse de l'École Nationale Supérieure des Mines de Saint Etienne, N° d'ordre : 350 CD, (2004).

[6] V. Fierro, V. Torne-Fernandez, A. Celzard, Methodical study of the chemical activation of Kraft lignin with KOH and NaOH, Microporous and Mesoporous Materials, 101 (2007) 419–431.

[7] V. Sricharoenchaikul, C. Pechyen, D. Aht-ong, D. Atong, Preparation and Characterization of Activated Carbon from the Pyrolysis of Physic Nut (Jatropha curcas L.) Waste, Energy & Fuels, 22 (2008) 31–37.

[8] B. Alfeeli, L. T. Taylor, M. Agah, Evaluation of Tenax TA thin films as adsorbent material for micro preconcentration applications, Microchemical Journal, 95 (2010) 259–267.

[9] B. Alfeeli, V. Jain, R. K. Johnson, F. L. Beyer, J. R. Heflin, M. Agah, Characterization of poly(2,6-diphenyl-p-phenylene oxide) films as adsorbent for microfabricated preconcentrators, Microchemical Journal, 98 (2011) 240–245.

[10] U04914 Data Sheet. Tenax-Ta, Alltech Associates Inc., 2007, p. 4.

[11] S. A. Idriss, C. Robertson, M. A. Morris, L. T. Gibson, Analytical Methods, A comparative study of selected sorbents for sampling of aromatic VOCs from indoor air, Anal. Methods, 2 (2010) 1803–1809.

[12] Fiches techniques des matériaux selon DEGUSSA.

[13] Benoit Clausse, Adsorption/Coadsorption de composés organochlorés par une faujasite Y hydrophobe/organophile dans un contexte de dépollution de l'air et de l'eau, Thèse de l'Université de Bourgogne, N° 97 DIJO S006, (1997).

[14] International Zeolite Association (IZA), Database of Zeolites Structures, Framework Type FAU.

[15] M.P. Pina, R. Mallada, M. Arruebo, M. Urbiztondo, N. Navascués, O. de la Iglesia, J. Santamaria, Zeolite films and membranes. Emerging applications, Microporous and Mesoporous Materials, 144 (2011) 19–27.

[16] J. U. Keller, E. Robens, A note on sorption measuring instruments, Journal of thermal analysis and calorimetry, 71 (2003) 37–45.

[17] J. C. Groen, L. A. A. Peffer, J. Perez-Ramırez, Pore size determination in modified micro- and mesoporous materials. Pitfalls and limitations in gas adsorption data analysis, Microporous and Mesoporous Materials, 60 (2003) 1–17.

[18] A. Saito, H.C. Foley, Argon Porosimetry of Selected Molecular Sieves: Experiments and Examination of the Adapted Horvath-Kawazoe Model, Micropor. Mater., 3 (1995) 531–542.

[19] L.S. Cheng, R.T. Yang, Improved Horvath–Kawazoe equations including spherical pore models for calculating micropore size distribution, Chem. Eng. Sc., 49 (1994) 2599–2609.

[20] Véronique Bernardet, Influence de la symétrie et de la taille de la molécule adsorbée sur le processus d'adsorption des composés éthyléniques sur une zéolithe de topologie MFI, Thèse de l'Université de Bourgogne, N° tel-00107051, (2005).

[21] S. Brunauer, L. S. Deming, W. E. Deming, E. Teller, J. Amer. Chem. Soc., 62 (1940) 1723–1732.

[22] Delphine Charrière, Caractérisation de la sorption de gaz sur les charbons Application au stockage géologique du dioxyde de carbone dans les veines de charbon, Thèse de l'Université de Toulouse, (2009).

[23] N. Passe-Courtin, S. Altenor, D. Cossement, C. Jean-Marius, S. Gaspard, Comparison of parameters calculated from the BET and Freundlich isotherms obtained by nitrogen adsorption on activated carbons: A new method for calculating the specific surface area, Microporous and Mesoporous Materials, 111 (2008) 517–522.

[24] K. Sakodynskii, L. Panina, N. Klinskaya, A Study of Some Properties of Tenax, a Porous Polymer Sorbent, Chromatographia, 7, N° 7 (1974) 339–344.

CHAPITRE III

Conception de la plate-forme micro-fluidique

1 Introduction

L'objectif de ce chapitre est de détailler les étapes technologiques pour la réalisation du micro-préconcentrateur et de la micro-colonne chromatographique constituant la plate-forme micro-fluidique.

En particulier, nous allons exploiter ici les techniques de salle blanche qui permettent de réaliser des dispositifs miniaturisés tridimensionnels entièrement intégrés sur silicium.

Une première partie de ce chapitre s'attachera à présenter les géométries du micro-préconcentrateur et de la micro-colonne chromatographique ainsi que les techniques retenues pour réaliser ces structures sur silicium.

Ensuite, le procédé complet de réalisation de chaque micro-structure en salle blanche sera détaillé étape par étape.

Enfin, les méthodes utilisées pour déposer les différents adsorbants et la phase stationnaire seront précisées.

2 Présentation des micro-structures envisagées

Le micro-préconcentrateur et la micro-colonne chromatographique sont réalisés en utilisant la technologie silicium/verre disponible en salle blanche.

Le silicium est le matériau le plus utilisé dans la micro-fabrication en raison de son faible coût, de la possibilité de réaliser différents motifs et également développer plusieurs processus sur un seul wafer avec une bonne précision. Ces raisons nous ont donc orienté sur le choix du silicium pour la réalisation de la plate-forme micro-fluidique.

Les wafers de silicium utilisés pour cette étude sont des wafers de 4'' (1 pouce = 2,56 cm).

En s'appuyant sur les travaux réalisés par différentes équipes de recherche et présentés dans le chapitre I, la géométrie retenue pour le micro-préconcentrateur est de type rectangulaire de 10 mm de long et 5 mm de large. La micro-cavité tridimensionnelle présente une profondeur de 400 μm et sera équipée de micro-piliers afin de fixer l'adsorbant et favoriser la diffusion du gaz chargé du polluant dans la structure poreuse des adsorbants.

Concernant la micro-colonne chromatographique et par rapport à l'expertise du laboratoire Chrono-Environnement, la géométrie adoptée est une spirale circulaire d'une longueur de 5 mètres. Les micro-canaux présentent une section de 100 μm × 100 μm [1].

Les motifs à réaliser sont dessinés à partir du logiciel ''Cadence''. Ces motifs constituent le masque qui sera ensuite utilisé lors de l'étape de photolithographie. La figure III-1 présente le schéma des deux micro-systèmes envisagés pour la réalisation de la plate-forme fluidique.

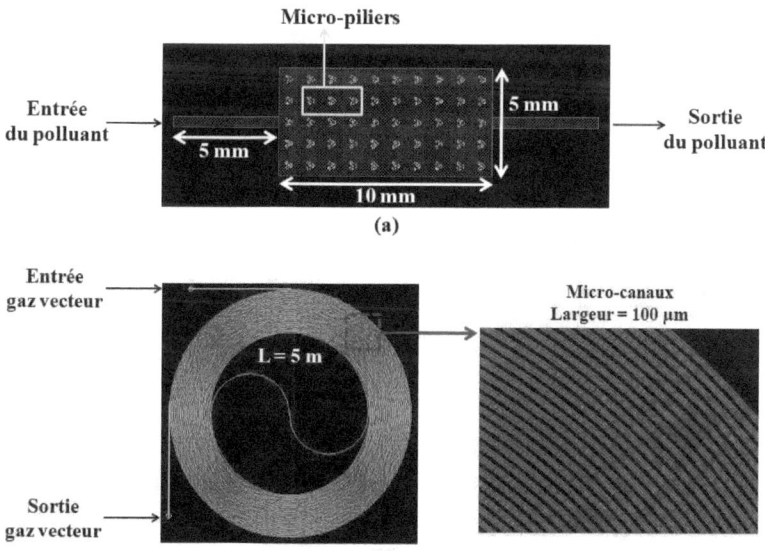

Figure III-1: *Schéma des micro-systèmes envisagés : (a) Micro-préconcentrateur, (b) Micro-colonne chromatographique*

La réalisation de ces micro-structures fluidiques intégrées sur silicium se décompose en trois principales étapes.

Dans un premier temps, une étape de photolithographie est nécessaire pour reporter la géométrie de la structure envisagée sur le support en silicium. Ensuite, le micro-usinage profond par voie sèche (DRIE) est utilisé pour réaliser des cavités et des canaux de dimensions micrométriques dans le silicium. Enfin, la dernière étape du process en salle blanche est la soudure anodique d'une plaque de pyrex sur la face usinée du silicium afin d'accéder à une structure étanche tridimensionnelle.

La figure III-2 résume les principales étapes envisagées pour la fabrication des dispositifs miniaturisés.

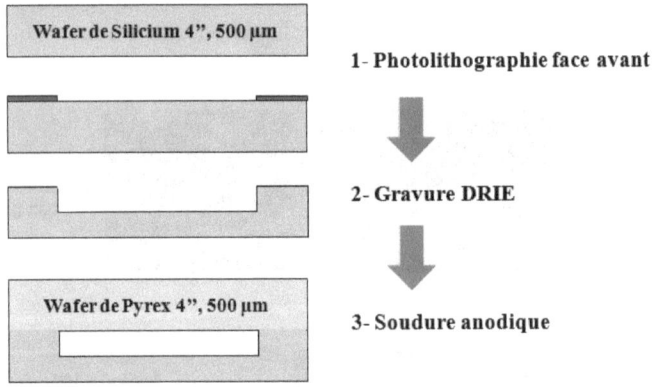

Figure III-2 : Schéma général représentant les étapes de réalisation des micro-systèmes

Les différentes techniques utilisées ici sont relativement classiques et bien maitrisées en salle blanche.

Dans le paragraphe suivant, nous allons les présenter en détail.

3 Présentation des techniques utilisées

3.1 Photolithographie

3.1.1 Principe

Le principe de la photolithographie repose sur la reproduction de motifs sur une résine photosensible. Il consiste en l'exposition à la lumière ultraviolette, à travers un masque, d'une fine couche de résine photosensible étalée à la surface du wafer. Le masque est composé d'une plaque de quartz sur laquelle les motifs à transférer sont réalisés en chrome. Les rayonnements ultraviolets modifient localement les parties exposées de la résine [2-5], dans le but de rendre cette dernière, soit :

- Sensible au développeur (résines positives),
- Insensible au développeur (résines négatives).

La figure III-3 présente schématiquement le procédé de photolithographie.

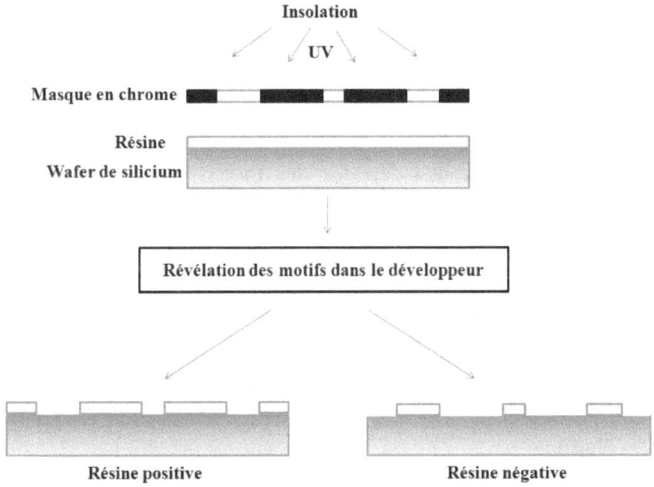

Figure III-3 : *Procédé de photolithographie*

3.1.2 Étapes de la photolithographie

La photolithographie comporte plusieurs étapes :

➤ Nettoyage du wafer

Cette étape consiste à éliminer les impuretés présentes en surface du wafer de silicium. Ce dernier est nettoyé avec l'acétone et l'éthanol, puis rincé à l'eau déionisée et enfin séché par un flux d'azote.

➤ Résinage

Lors de cette étape, la résine est déposée sur le wafer de silicium d'une manière homogène au moyen d'une tournette. Le dépôt de la résine se fait de la façon suivante : une petite quantité de résine (quelques millilitres) est déposée sur le wafer de silicium placé sur un disque à l'intérieur de la tournette. Une accélération est ensuite appliquée pour former une couche mince, d'épaisseur contrôlée et uniforme de la résine.

➤ Cuisson de la résine

Après le dépôt de la résine et dans le but d'évaporer les solvants, le wafer est recuit plusieurs minutes.

➤ Exposition aux rayonnements ultra-violets

Une fois refroidi, le wafer de silicium est insolé à travers un masque par l'intermédiaire d'un aligneur contenant une lampe UV. Le masque est dans ce cas constitué d'une plaque de quartz transparente aux rayonnements ultra-violets, sur laquelle est déposée des motifs en chrome opaques par rapport à ces rayonnements.

Les motifs et le wafer de silicium sont positionnés précisément l'un par rapport à l'autre par l'intermédiaire de motifs d'alignement. Une fois l'alignement effectué, le wafer est exposé aux rayonnements ultra-violets pendant quelques secondes.

➤ Révélation

L'utilisation des UV pour l'insolation crée des modifications de la solubilité de la résine, ce qui permet au solvant présent dans le développeur de dissoudre les zones exposées aux UV (cas des résines positives), ou de dissoudre les zones non exposées (cas des résines négatives), laissant apparaître des zones sans protection et donc des zones sensibles à la gravure.

À la suite de l'étape de photolithographie (impression des motifs désirés) et dans le but de former les cavités ou les micro-canaux, le wafer de silicium est usiné selon un procédé de gravure sèche.

3.2 Gravure sèche

La gravure sèche consiste à utiliser un plasma (milieu gazeux ionisé, globalement neutre, qui contient des ions, des électrons et des espèces neutres (molécules, atomes, radicaux)), pour graver les zones non protégées par la résine à la surface du wafer, dans le but de reproduire les motifs révélés par la photolithographie.

Il existe plusieurs types de gravure sèche : les gravures physique, physico-chimique et physico-chimique avec inhibiteur.

Parmi ces types, nous ne détaillerons ici que le procédé de gravure physico-chimique avec inhibiteur ou DRIE (Deep Reactive Ion Etching) [6] permettant l'usinage de profondeurs supérieures à 50 µm dans le silicium. En effet, c'est le type de gravure envisagée dans cette étude pour la réalisation des micro-structures.

La gravure ionique réactive du procédé Bosch (DRIE) est une technique permettant de faire des gravures anisotropes profondes (de l'ordre de 500 µm) [4, 7]. Elle se fait par l'alternance d'un plasma de gravure SF_6 (hexafluorure de soufre) et d'un plasma de passivation C_4F_8 (octafluorocyclobutane). Plus précisément, après un cycle court d'usinage par le plasma SF_6, le plasma C_4F_8 dépose une couche épaisse de téflon (inhibiteur) sur les flancs et une couche mince sur le fond du motif (**Figure III-4**). L'étape de gravure suivante détruit la couche de passivation au fond du motif à l'aide de bombardement ionique. Le silicium non protégé par C_4F_8 est ensuite gravé par les radicaux fluorés provenant du plasma SF_6. En augmentant le nombre de cycles de gravure et de passivation, une gravure profonde anisotrope peut être obtenue avec un fort rapport d'aspect. Ce dernier est défini comme étant le rapport entre la profondeur d'usinage (hauteur) et l'ouverture (largeur) du motif. Ainsi avec cette technique, il est possible d'obtenir un excellent rapport d'aspect de l'ordre de 50 : 1.

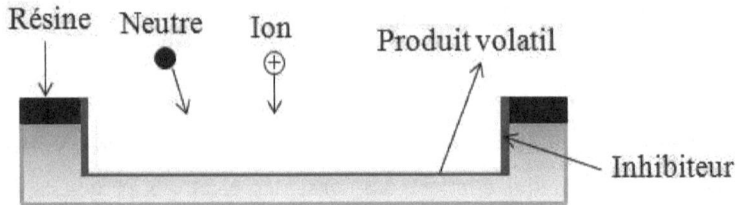

Figure III-4 : Schéma représentant la gravure sèche physico-chimique avec inhibiteur (DRIE)

Après l'étape de gravure et pour fermer les cavités et les canaux usinés, un substrat de Pyrex est soudé sur le wafer de silicium par collage anodique. Le principe de cette technique est présenté dans le paragraphe suivant.

3.3 Collage anodique

La soudure anodique est une technique d'assemblage silicium-verre. Elle se fait généralement à une température proche de 300°C et sous une tension de 600 Volts (appareil de type EVG), dans le but d'assurer une bonne qualité de soudure [8].

La soudure anodique comporte plusieurs étapes :

➢ Nettoyage des wafers à coller

Cette étape est primordiale puisqu'elle influe sur la qualité de soudage des wafers. Pour ce faire, une solution d'acide sulfochromique (solution à base de dichromate de potassium $K_2Cr_2O_7$ et d'acide sulfurique H_2SO_4) est utilisée. Les wafers de silicium et de pyrex sont immergés dans cette solution pendant 5 à 10 minutes afin d'éliminer toutes traces d'impuretés. Ensuite, ils sont rincés à l'eau déionisée et séchés par un flux d'azote (N_2).

> Contact des wafers

Les wafers à souder sont ensuite positionnés entre deux plaques à l'intérieur du dispositif permettant la réalisation de la soudure. La plaque inférieure constitue l'anode et joue également le rôle de plaque chauffante et la plaque supérieure constitue la cathode. Ces deux plaques sont polarisées. Dans le cas de la soudure d'un wafer de silicium avec un wafer de verre (pyrex), le wafer de silicium est placé sur l'anode alors que le wafer de verre est mis en contact avec la cathode (**Figure III-5**).

> Collage anodique

La soudure des wafers se fait par application d'une tension électrique de 600 V, à une température de 300°C. Les cations Na^+ présents dans le verre vont alors migrer vers la plaque supérieure (cathode) induisant ainsi l'augmentation de la concentration en anions OH^- à l'interface verre/silicium. Ces anions forment à l'interface avec le silicium des liaisons covalentes de type Si-O-Si (siloxanes), ce qui au final se traduit par le collage des deux wafers [9].

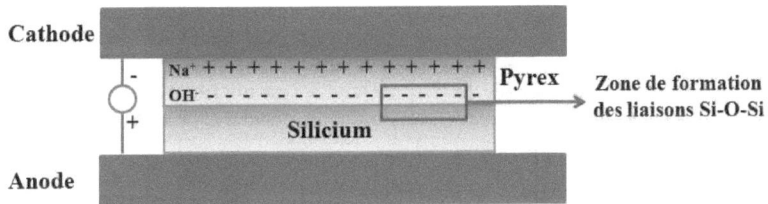

Figure III-5 : Schéma représentant le principe de la soudure anodique silicium/verre

> Refroidissement

Après le collage, un refroidissement progressif des wafers pendant trois heures est nécessaire pour éviter toute fissure ou décollage des wafers. Cette étape est effectuée sous balayage d'un gaz inerte (hélium).

Après avoir présenté le principe des techniques utilisées en salle blanche pour réaliser la plate-forme micro-fluidique, nous allons, dans les paragraphes suivants, discuter des différentes étapes de réalisation des micro-préconcentrateurs et des micro-colonnes chromatographiques.

4   Conception des micro-systèmes fluidiques

Dans un premier temps, nous présentons les étapes technologiques pour réaliser le micro-préconcentrateur puis suivront celles utilisées pour la réalisation de la micro-colonne chromatographique.

4.1   Réalisation des micro-cavités

La figure III-6 présente l'enchainement des étapes de réalisation des micro-préconcentrateurs.

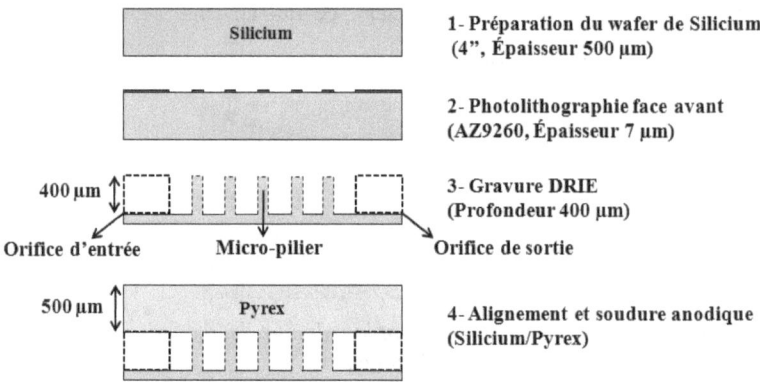

Figure III-6 : Étapes de fabrication des micro-préconcentrateurs

La préparation du wafer consiste tout d'abord à le nettoyer par de l'acétone et l'éthanol. Ensuite, pour améliorer l'adhérence de la résine sur le wafer, on dépose une couche d'un promoteur d'adhérence (Ti-prime).

146

La deuxième étape est la phase de photolithographie. Dans notre cas, une couche de résine positive AZ9260 d'une épaisseur de 7 µm a été déposée sur le wafer de silicium par l'utilisation de la tournette RC8. Le wafer est ensuite recuit pendant 8 minutes sur plaque chauffante à une température de 105°C pour évaporer le solvant. Après refroidissement, ce dernier est exposé à l'aide de l'aligneur EVG 620 à des rayonnements UV (900 mJ/cm^2) pendant 4 minutes. Enfin et pour révéler les motifs désirés, le wafer est immergé pendant quelques minutes dans une solution chimique composée de AZ400K et d'eau avec une proportion de 1 : 4.

L'étape de gravure succède ensuite à l'étape de photolithographie. Le procédé Bosch est utilisé pour usiner, sur une profondeur de 400 µm, à la fois les cavités avec les micro-piliers et les canaux d'entrée et de sortie des micro-préconcentrateurs. Cette profondeur correspond à un temps de gravure de 80 minutes (5 µm.min^{-1}). Notons que le dépôt d'une épaisseur importante de résine sur le wafer de silicium (7 µm) est nécessaire pour supporter des temps de gravure longs sans dégradation du motif reporté.

Enfin pour terminer le process, le wafer de silicium gravé est soudé à un wafer de Pyrex de même dimension (4'', épaisseur = 500 µm) en utilisant le procédé de collage anodique (appareil de type EVG 501). Cette étape permet d'obtenir un micro-système tridimensionnel et étanche.

La figure III-7 représente l'aspect d'un wafer de silicium composé de 8 micro-préconcentrateurs en fin de process.

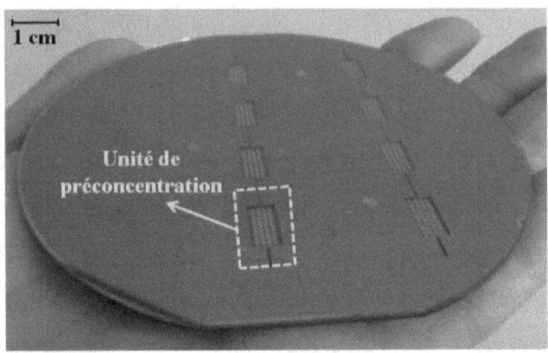

Figure III-7 : Wafer comportant 8 micro-préconcentrateurs usinés sur silicium

Pour séparer chaque unité de préconcentration, une étape de découpe à la scie est nécessaire. Cette découpe est réalisée avec une lame diamantée de 100 µm d'épaisseur.

La figure III-8 représente un zoom sur une micro-cavité isolée du wafer.

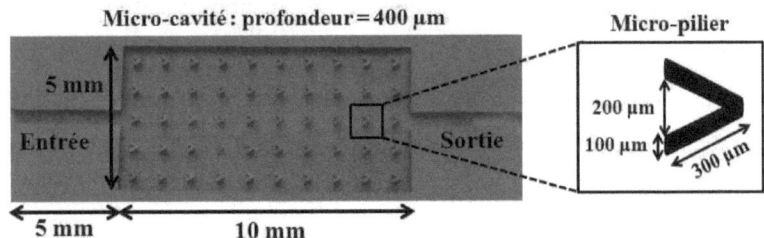

Figure III-8 : Dimensions de la micro-cavité développée

Chaque micro-pilier (silicium non usiné lors de l'étape de gravure de la micro-cavité) possède une longueur de 300 µm, une largeur de 100 µm et une profondeur de 400 µm. Ces micro-piliers vont favoriser d'une part la fixation de l'adsorbant dans la micro-cavité lors de l'étape du remplissage et d'autre part la diffusion du flux au sein de la structure poreuse des adsorbants [10].

Les canaux d'entrée et de sortie, usinés en même temps que la cavité par DRIE, possèdent une longueur de 5 mm, une largeur de 500 μm et une profondeur de 400 μm. Ces canaux permettent de fixer des capillaires en silice (diamètre = 320 μm) par l'intermédiaire d'une colle époxy. Ces capillaires servent dans un premier temps à introduire l'adsorbant, puis ensuite à faire circuler le flux de polluant dans la micro-cavité.

Les micro-préconcentrateurs préparés nécessitent, pour être fonctionnels, l'utilisation d'une résistance pour chauffer la micro-cavité contenant l'adsorbant durant la phase de désorption de l'ONT. Le paragraphe suivant explique le choix retenu pour la résistance de chauffe.

- **Résistances chauffantes utilisées**

Il existe deux options pour chauffer la micro-cavité :

- La première consiste à déposer, sur la face arrière de la micro-cavité, une résistance en platine par des procédés de dépôt de type lift-off.
- La seconde consiste à utiliser des plate-formes chauffantes commerciales qui sont ensuite plaquées sur la face arrière de la micro-cavité.

La première option n'a malheureusement pas montré de résultats satisfaisant en termes de stabilité thermique (dérive de la résistance) et adhérence du dépôt de platine sur silicium.

C'est donc la seconde option qui a été retenue pour porter à différentes température les adsorbants déposés dans la micro-cavité.

En particulier, notre choix s'est porté sur l'utilisation des plate-formes chauffantes en céramique (MSP 769, HERAEUS), dotées d'une résistance en platine. Les dimensions de ces plate-formes sont de 5 mm × 5 mm et adaptées à la taille de la micro-cavité (**Figure III-9**) [11].

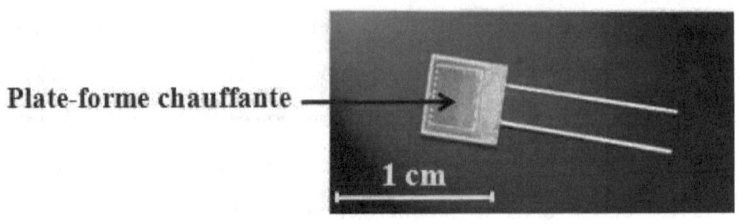

Plate-forme chauffante — 1 cm

Figure III-9 : Plate-forme chauffante plaquée sur la face arrière de la micro-cavité [11]

Dans notre cas, pour atteindre une température de 230°C (correspondant à la température de désorption de l'ONT des différents adsorbants), nous appliquons une tension de 25 V aux bornes de la résistance de chauffe à l'aide d'un générateur de tension (AX 503 metrix).

À 25 V, la caractéristique température en fonction du temps de la plate-forme chauffante est représentée sur la figure III-10.

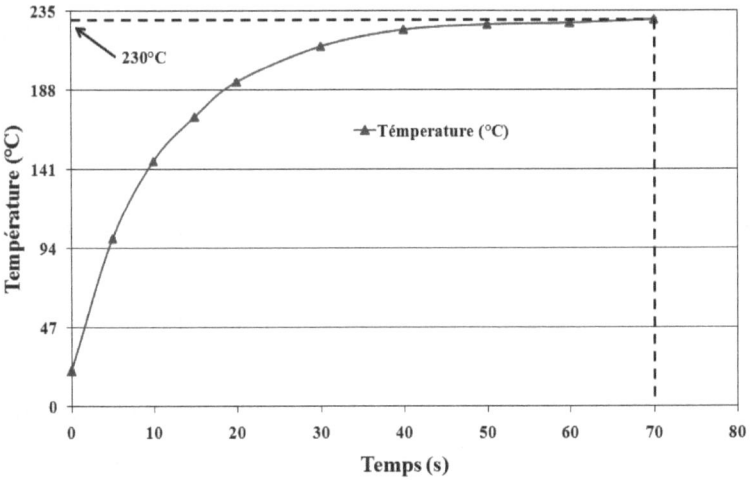

Figure III-10 : Cinétique de montée en température des micro-structures

D'après la figure III-10, 70 secondes sont nécessaires pour obtenir une température de 230°C. Ce temps est relativement court et permet au bout de 70 secondes d'atteindre la température de désorption de l'ONT.

Dans cette partie, nous avons décrit le process de réalisation des micro-cavités sur silicium. Ces dispositifs utilisés ensuite comme micro-préconcentrateur constituent le premier composant de la plate-forme micro-fluidique. Dans le paragraphe suivant, nous détaillons le procédé de réalisation des micro-canaux sur silicium qui serviront de base à l'élaboration de la micro-colonne chromatographique.

4.2   Réalisation des micro-canaux

La réalisation des micro-colonnes chromatographiques repose en grande partie sur un process développé au laboratoire Chrono-Environnement [1]. Ce process présente de nombreuses similitudes avec le process de réalisation des micro-cavités.

En plus des étapes utilisées pour la fabrication des micro-cavités, deux étapes supplémentaires sont nécessaires pour réaliser les micro-canaux. En particulier, l'oxydation du wafer de silicium et l'usinage ultrasonore du wafer de Pyrex.

Les étapes de fabrication des micro-canaux sur silicium sont représentées sur la figure III-11.

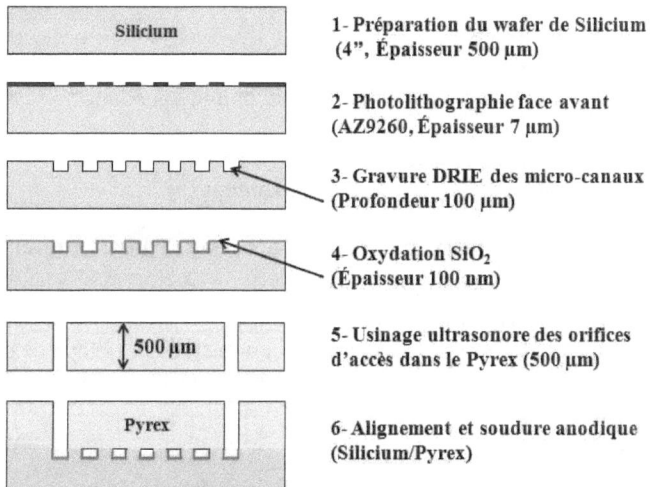

Figure III-11 : Étapes de réalisation des micro-colonnes

Après l'étape de préparation du wafer (nettoyage et dépôt d'une couche mince de Ti-prime), et de photolithographie (résine positive AZ9260 - épaisseur 7 µm), l'étape suivante est la gravure des micro-canaux à une profondeur de 100 µm par DRIE (procédé Bosch). Cette profondeur correspond à un temps de gravure de 25 minutes (4 µm.min^{-1}).

Le micro-canal usiné présente une géométrie de type spirale d'une longueur de 5 mètres, avec une section carrée de 100 µm de côté (**Figure III-12**).

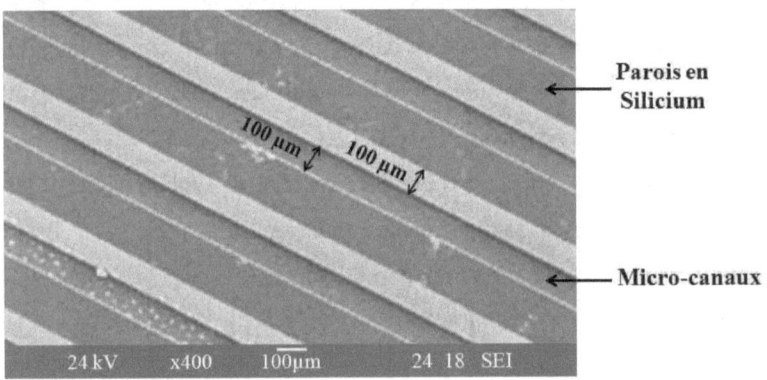

Figure III-12 : Cliché MEB présentant les micro-canaux usinés sur silicium

Une fois gravé, le wafer est oxydé par voie humide pendant 80 secondes à 1050°C sous flux d'oxygène. Ceci permet la croissance d'une couche de dioxyde de silicium (SiO$_2$) de 100 nm d'épaisseur [5].

La couche d'oxyde ainsi formée est nécessaire pour le greffage et l'adhérence de la phase stationnaire (**Paragraphe 5.2**).

Suite à l'étape d'oxydation du wafer de silicium et avant l'étape de soudure anodique (Silicium/Pyrex), on procède à l'usinage du wafer de Pyrex. L'usinage de deux orifices de 500 µm de diamètre dans le Pyrex est nécessaire pour pouvoir faire circuler les fluides dans les micro-canaux.

A la différence du silicium qui est un matériau cristallin, le verre est amorphe et sa gravure par DRIE conduit à la formation d'orifices non uniformes. Pour cette raison, l'ouverture de ces derniers a été réalisée par usinage ultrasonore.

L'appareil utilisé est une machine à ultra-sons NEXUS à 20 KHz qui permet l'usinage d'orifices de 500 µm de diamètre dans le Pyrex par déplacement pas à pas avec un abrasif de type carbure de bore. Ce dernier possède des grains ayant des diamètres de 400 µm.

La dernière étape est l'alignement et la soudure du wafer de silicium avec le wafer de Pyrex de façon à obtenir un système fermé et tridimensionnel.

A la fin du process réalisé en salle blanche, des connections micro-fluidiques (Upchurch Scientific) sont utilisées pour le dépôt de la phase stationnaire et la circulation du gaz vecteur.

La figure III-13 présente une photo du micro-canal avec ses connections fluidiques.

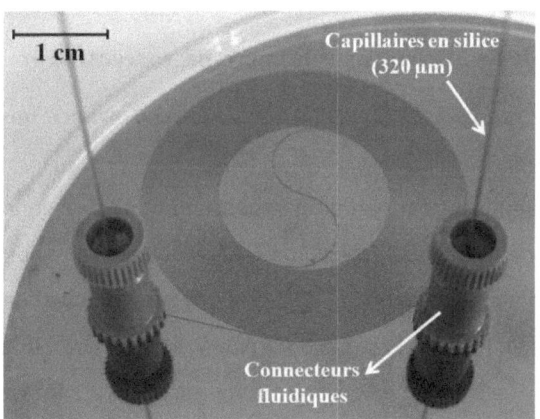

Figure III-13 : *Micro-colonne et connections fluidiques*

Les connecteurs fluidiques sont collés au niveau des ouvertures des canaux d'entrée et de sortie à l'aide d'une colle époxy. Les capillaires en silice sont ensuite sertis dans les connecteurs.

Cette première phase de développement technologique a permis d'obtenir des micro-structures fluidiques intégrées sur silicium. Pour la réalisation finale du micro-préconcentrateur et de la micro-colonne chromatographique, il est nécessaire de déposer dans ces micro-systèmes les adsorbants dédiés à la concentration de l'ONT et la phase stationnaire assurant l'élution de ce polluant.

Cette étape de "remplissage" des micro-structures fait l'objet du paragraphe suivant.

5 Dépôt de l'adsorbant et de la phase stationnaire

La solution envisagée ici pour déposer l'adsorbant et la phase stationnaire consiste à aspirer l'adsorbant et/ou la phase stationnaire dans les micro-structures à l'aide d'une pompe primaire.

L'adsorbant, sous forme de poudre, est mis en suspension dans un solvant avant son introduction dans la micro-cavité.

5.1 Dépôt de l'adsorbant dans le micro-préconcentrateur

i. *Optimisation de la concentration de la suspension d'adsorbant préparée*

Les solvants utilisés pour optimiser la concentration d'adsorbant nécessaire pour avoir une cavité bien recouverte (couche complète et homogène) sont l'heptane (Sigma-Aldrich, CAS N° 142-82-5) pour les charbons (N, KL_2 et KL_3) et l'éthanol (Carlo Erba CAS N° 64-17-5) pour la zéolithe DAY [12]. Ces deux solvants permettent d'obtenir une suspension homogène avec une bonne dispersion des adsorbants.

Pour déterminer la concentration nécessaire pour avoir un dépôt dense de chaque adsorbant, nous avons préparé des suspensions en mélangeant différentes masses d'adsorbant dans 2 mL de solvant. Après agitation pendant 24 h, une goutte de chaque suspension est déposée sur une cavité en silicium présentant une forme carrée de 0,5 cm de côté et une profondeur de 400 µm. Ce dispositif permet d'apprécier rapidement l'aspect final du dépôt formé (homogénéité, densité).

Les résultats ont montré que des concentrations de 25 g.L^{-1} en charbons et de 60 g.L^{-1} pour la zéolithe permettent d'obtenir des dépôts denses et homogènes.

ii. Mode de remplissage

La micro-cavité est remplie par aspiration de l'adsorbant en suspension dans le solvant. Lorsque l'adsorbant recouvre la totalité de la micro-cavité, l'aspiration est arrêtée. Le solvant est ensuite évaporé de la micro-cavité à température ambiante pendant 24 h. Pour finaliser le séchage de l'adsorbant, nous faisons circuler un flux d'azote à 50 mL.min^{-1} dans la micro-cavité pendant 6 h.

La figure III-14 présente deux micro-préconcentrateurs remplis avec le charbon et la zéolithe. On observe ici que la micro-cavité est totalement recouverte par les adsorbants.

Figure III-14 : *Photographie des micro-préconcentrateurs avant et après remplissage*

Afin de vérifier l'homogénéité du dépôt des adsorbants à l'intérieur de la micro-cavité, nous avons observé la section des micro-préconcentrateurs à l'aide de la microscopie électronique à balayage (MEB) (**Figure III-15**).

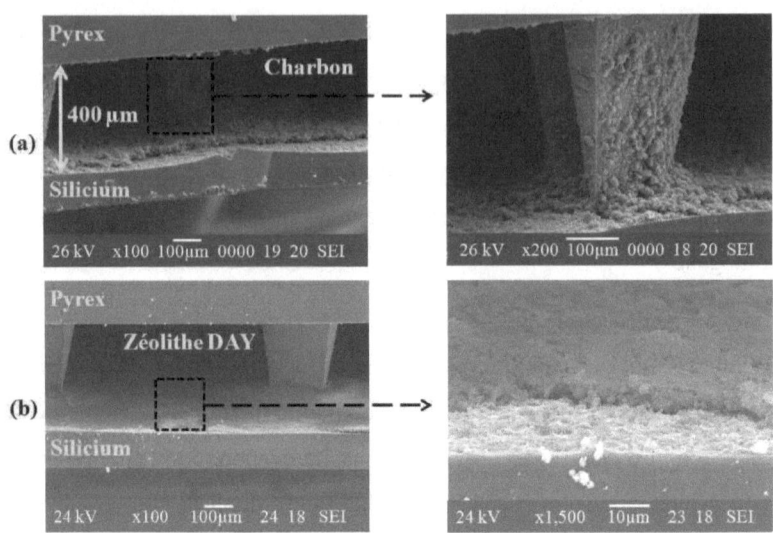

Figure III-15 : Clichés MEB d'un dépôt de charbon (a) et de zéolithe DAY (b)

Les dépôts observés montrent que la présence des micro-piliers favorise l'obtention d'une couche homogène de charbon et de la zéolithe dans la micro-cavité. Le dépôt de charbon a une épaisseur comprise entre 30 et 50 μm correspondant à la taille des grains (< 50 μm), alors que celui de la zéolithe DAY est de l'ordre de 5 μm (taille de particules entre 3 et 5 μm).

Le calcul de la masse introduite dans la micro-cavité est obtenu en mesurant la masse du préconcentrateur avant et après remplissage. Le tableau III-1 donne la masse d'adsorbant déposée dans 4 micro-préconcentrateurs.

Adsorbant	Charbon N	Charbon KL_2	Charbon KL_3	Zéolithe DAY
Masse déposée (mg)	2,6	1,13	0,82	2,25

Tableau III-1 : Quantités d'adsorbants déposées dans les micro-préconcentrateurs

En comparant les masses obtenues avec celles déposées dans des micro-préconcentrateurs présentant des géométries similaires [10, 13-15], on constate que les micro-cavités sont remplies par une quantité importante d'adsorbant. Soulignons que les masses déposées sont obtenues après un seul remplissage de la micro-cavité par la suspension d'adsorbant.

Les micro-préconcentrateurs ainsi réalisés sont maintenant prêts à être testés pour l'adsorption et la désorption de l'ONT.

5.2 Dépôt de la phase stationnaire dans les micro-canaux

L'objectif étant d'obtenir une micro-colonne chromatographique polyvalente permettant l'élution d'une large gamme de composés chimiques (COVs, …). Notre choix s'est porté sur la synthèse d'une phase stationnaire peu polaire de type polydiméthylsiloxane (PDMS) (**Figure III-16**) [16].

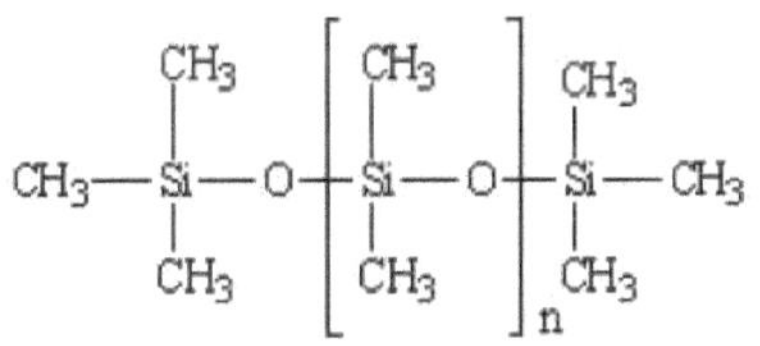

Figure III-16 *: Formule développée du polydiméthylsiloxane (PDMS)*

La phase stationnaire PDMS utilisée est d'origine commerciale (Sylgard 184 – Dow Corning).

Elle est préparée en mélangeant 550 mg de PDMS Sylgard avec 55 mg d'agent réticulant (proportion de 10 pour 1). Étant donné la viscosité élevée du mélange, pour être injectée dans le micro-canal, on y ajoute 2,5 mL de toluène pour rendre la solution plus fluide. L'ensemble est agité pendant 24 h à température ambiante. La solution est ensuite aspirée dans la micro-colonne jusqu'au remplissage total du micro-canal.

Après un temps de repos de 30 minutes à température ambiante pour initier la polymérisation de la phase stationnaire dans le micro-canal, l'excès de solution est évacué à l'aide d'un flux d'azote (50 mL.min⁻¹) pendant 24 heures. Pendant toute la durée de séchage, la micro-colonne est maintenue à 50°C.

La figure III-17 présente des photos MEB de la section de la micro-colonne où un film mince de PDMS est déposé sur les parois internes des canaux. Ces derniers sont revêtus par un dépôt d'une épaisseur d'environ 1 µm de phase stationnaire.

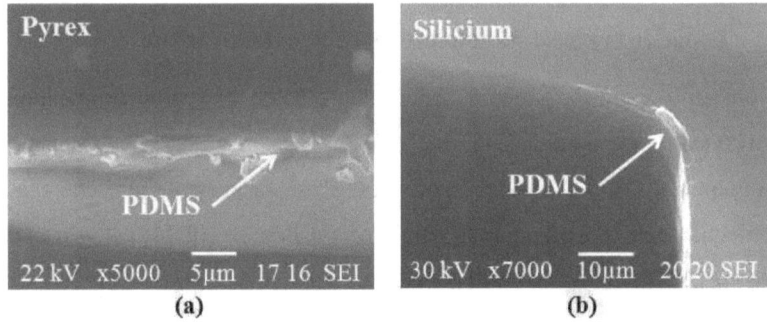

Figure III-17 : Dépôt de PDMS dans les canaux de la micro-colonne
(a) Face Pyrex, (b) Face silicium usiné

La phase stationnaire est assimilable à un liquide immobilisé sur la face interne des micro-canaux résultant de l'interaction par liaisons hydrogène entre les groupements silanol Si-OH du substrat et les groupements Si-O-Si du PDMS (**Figure III-18**).

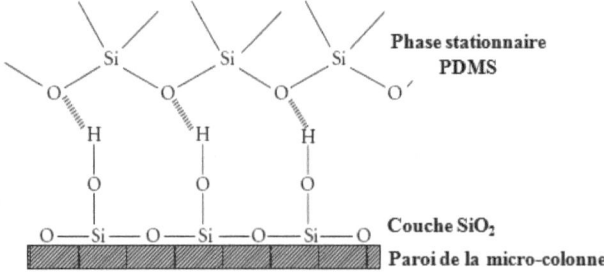

Figure III-18 : Liaisons hydrogène entre le PDMS et la couche SiO₂ [17]

Suite au dépôt de la phase stationnaire, la micro-colonne chromatographique peut maintenant être utilisée pour éluer l'ONT lors de la phase de caractérisation de la plate-forme micro-fluidique.

6 Conclusion

Dans ce chapitre, nous avons présenté en détail les différentes phases de réalisation des micro-préconcentrateurs et des micro-colonnes chromatographiques constituant la plate-forme micro-fluidique. Ces phases incluent des étapes en salle blanche afin de réaliser les supports micro-fluidiques sur silicium et également des étapes de dépôts d'adsorbants et de phase stationnaire. Concernant les dimensions des micro-structures réalisées, le micro-préconcentrateur possède une cavité rectangulaire tridimensionnelle présentant une longueur de 1 cm, une largeur de 0,5 cm et une profondeur de 400 µm. La micro-colonne chromatographique quant à elle présente une géométrie de type spirale, d'une longueur de 5 mètres avec une largeur et une profondeur de 100 µm.

Pour les deux micro-structures, un dépôt homogène d'adsorbant et de phase stationnaire a été obtenu.

Les process de réalisation de deux micro-systèmes obtenus sont maintenant fiables et maîtrisés tant au niveau de la réalisation technologique qu'au niveau des dépôts d'adsorbants et de phase stationnaire.

La prochaine étape consiste à caractériser ces micro-systèmes fluidiques. En particulier, les expériences consistent dans un premier temps à déterminer les conditions optimales de fonctionnement du micro-préconcentrateur. Ensuite, le micro-préconcentrateur et la micro-colonne chromatographique seront couplés et positionnés en amont d'un capteur SnO_2 afin d'évaluer les performances d'analyse de cette plate-forme micro-fluidique en termes de concentration de l'ONT et également d'élution et de séparation de cette molécule.

Liste des figures du chapitre III

Figure III-1: Schéma des micro-systèmes envisagés : (a) Micro-préconcentrateur, (b) Micro-colonne chromatographique 139

Figure III-2 : Schéma général représentant les étapes de réalisation des micro-systèmes 140

Figure III-3 : Procédé de photolithographie 141

Figure III-4 : Schéma représentant la gravure sèche physico-chimique avec inhibiteur (DRIE) 144

Figure III-5 : Schéma représentant le principe de la soudure anodique silicium/verre 145

Figure III-6 : Étapes de fabrication des micro-préconcentrateurs 146

Figure III-7 : Wafer comportant 8 micro-préconcentrateurs usinés sur silicium 148

Figure III-8 : Dimensions de la micro-cavité développée 148

Figure III-9 : Plate-forme chauffante plaquée sur la face arrière de la micro-cavité [11] 150

Figure III-10 : Cinétique de montée en température des micro-structures 150

Figure III-11 : Étapes de réalisation des micro-colonnes 151

Figure III-12 : Cliché MEB présentant les micro-canaux usinés sur silicium 152

Figure III-13 : Micro-colonne et connections fluidiques 153

Figure III-14 : Photographie des micro-préconcentrateurs avant et après remplissage 155

Figure III-15 : Clichés MEB d'un dépôt de charbon (a) et de zéolithe DAY (b) 156

Figure III-16 : Formule développée du polydiméthylsiloxane (PDMS) ... 157

Figure III-17 : Dépôt de PDMS dans les canaux de la micro-colonne 158

Figure III-18 : Liaisons hydrogène entre le PDMS et la couche SiO₂ [17]
.... 158

Liste des tableaux du chapitre III

Tableau III-1 : Quantités d'adsorbants déposées dans les micro-préconcentrateurs.. 156

Références bibliographiques

[1] Jean-Baptiste Sanchez, Conception d'une micro-colonne chromatographique couplée à un capteur à oxyde semi-conducteur : application à la détection sélective de HF, Thèse de l'Université de Franche-Comté, N° 1090, (2005).

[2] Christophe Thibault, Impression de biomolécules par lithographie douce, applications pour les biopuces, de l'échelle micrométrique à nanométrique, Thèse de l'Université de Toulouse, N° tel-00200042, (2007).

[3] Pauline Voisin, Lithographie de nouvelle génération par nanoimpression assistée par UV : étude et développement de matériaux et procédés pour l'application micro-électronique, Thèse de l'Université Joseph Fourier de Grenoble, (2007).

[4] P. Tabeling, Introduction à la microfluidique, Belin, (2003).

[5] S. Mir, Conception des microsystèmes sur silicium, Hermes Science, (2002).

[6] Chu, Wen-Hwa Martin, Microfabricated tweezers with a large griping force and a large range of motion, Thesis at Case Western Reserve University, N° 951090S, (1994)

[7] F. Laermer, A. Schilp, Method of anisotropically etching silicon, US Patent N° 5501893, (1996).

[8] P.Favaro Soudure moléculaire silicium/verre développement de procédés applicables aux microsystèmes, Thèse de l'Université de Toulouse, N°3677, (2000).

[9] T. Rogers, J. Kowal, Selection of glass, anodic bonding conditions and material compatibility for silicon-glass capacitive sensors, Sensors and Actuators A, 46–47 (1995) 113–120.

[10] El Hadji Malick CAMARA, Développement d'un micro-préconcentrateur pour la détection de substances chimiques à l'état de trace en phase gaz, Thèse de l'École Nationale Supérieure des Mines de Saint-Étienne, N° 556 GP, (2009).

[11] Heraeus Sensor Technology, www.hst-us.com.

[12] M.A. Urbiztondo, I. Pellejero, M. Villarroya, J. Sesé, M.P. Pina, I. Dufour, J. Santamaría, Zeolite-modified cantilevers for the sensing of nitrotoluene vapors, Sensors and Actuators B, 137 (2009) 608–616.

[13] C. Pijolat, M. Camara, J. Courbat, J.-P. Viricelle, D. Briand, N. F. de Rooij, Application of carbon nano-powders for a gas micro-preconcentrator, Sensors and Actuators B, 127 (2007) 179–185.

[14] T. Sukaew, H. Chang, G. Serrano, E. T. Zellers, Multi-stage preconcentrator/focuser module designed to enable trace level determinations of trichloroethylene in indoor air with a microfabricated gas chromatograph, Analyst, 136 (2011) 1664–1674.

[15] W.-C. Tian, H.K.L. Chan, C.-J. Lu, S.W. Pang, E.T. Zellers, Multiple-Stage Microfabricated Preconcentrator-Focuser for Micro Gas Chromatography System, IEEE Journal of Microelectromechanical systems, 14 (2005) 498–507.

[16] J.-B. Sanchez, A. Schmitt, F. Berger, C. Mavon, Silicon-micromachined gas chromatographic columns for the development of portable detection device, Journal of Sensors, volume 2010 (2010).

[17] Jean-Noël Paquien, Étude des propriétés rhéologiques et de l'´etat de dispersion de suspensions PDMS/silice, Thèse de l'Institut National des Sciences Appliquées de Lyon, N° d'ordre : 03ISAL 0067, (2003).

Chapitre IV

Étude, caractérisation et évaluation des performances d'analyse de la plate-forme micro-fluidique

1 Introduction

Les chapitres précédents ont permis de présenter les travaux relatifs à la caractérisation d'adsorbants pour l'adsorption et la désorption de l'ONT ainsi que le process de réalisation des micro-préconcentrateurs et des micro-colonnes chromatographiques.

L'objectif de ce dernier chapitre est de présenter les travaux concernant l'évaluation des performances d'analyse de la plate-forme micro-fluidique en termes de concentration et de séparation de l'ONT.

Dans un premier temps, nous présenterons les tests préliminaires de détection avec le capteur SnO_2 pour valider l'utilisation de ce type de capteur chimique pour la détection de l'ortho-nitrotoluène. Ensuite, nous déterminerons les conditions optimales de fonctionnement du micro-préconcentrateur couplé à un capteur SnO_2. Cette étape expérimentale permettra en outre de sélectionner les adsorbants les plus appropriés pour la concentration de l'ONT.

Enfin, après avoir optimisé les conditions d'adsorption et de désorption de l'ONT, nous évaluerons les performances de la plate-forme micro-fluidique composée du micro-préconcentrateur et de la micro-colonne chromatographique. Nous nous intéresserons en particulier à la détermination de la limite de détection du micro-système et de l'efficacité de séparation de l'ONT en présence d'un interférent. Finalement, une étude de l'influence du taux d'hygrométrie sur la capacité d'adsorption des adsorbants sera présentée.

2 Validation de l'utilisation des capteurs SnO_2

La détection de vapeurs d'ONT, en aval de la plate-forme micro-fluidique, est assurée par un capteur à base de dioxyde d'étain (SnO_2) commercialisé par la société FIGARO (TGS 800). Situé juste en sortie de la micro-colonne, ce capteur joue le rôle de détecteur chromatographique.

Afin de valider l'utilisation de ce type de capteur chimique pour la détection de l'ortho-nitrotoluène, nous avons réalisé des tests préliminaires qui consistent à exposer le capteur à des flux d'ONT de concentrations variables.

Le débit des gaz (air ou ONT dilué) est fixé à 50 mL.min^{-1}. Les concentrations de vapeurs d'ONT varient entre 10 et 0,5 ppm. Les vapeurs d'ONT sont générées dans un four à perméation où le tube et donc le polluant sous sa forme liquide est chauffée à 50°C.

La température de la surface sensible du capteur (SnO_2) est maintenue en isotherme à 400°C pour toute la durée des expériences. Cette température correspond à la température optimale de fonctionnement du capteur SnO_2 pour la détection de l'ONT [1].

La réponse électrique du capteur est obtenue en enregistrant la variation de la conductance du dioxyde d'étain (SnO_2) en fonction du temps pour différentes concentrations en ONT.

Les variations de conductance du capteur en fonction de la concentration en ONT sont représentées sur la figure IV-1.

L'acquisition d'une réponse électrique de détection comporte les phases suivantes :

- Stabilisation du capteur sous air sec pendant 24 h avant chaque cycle d'acquisition,
- Exposition au flux de polluant pendant 15 minutes,
- Purge sous air pendant 35 minutes pour retrouver la ligne de base.

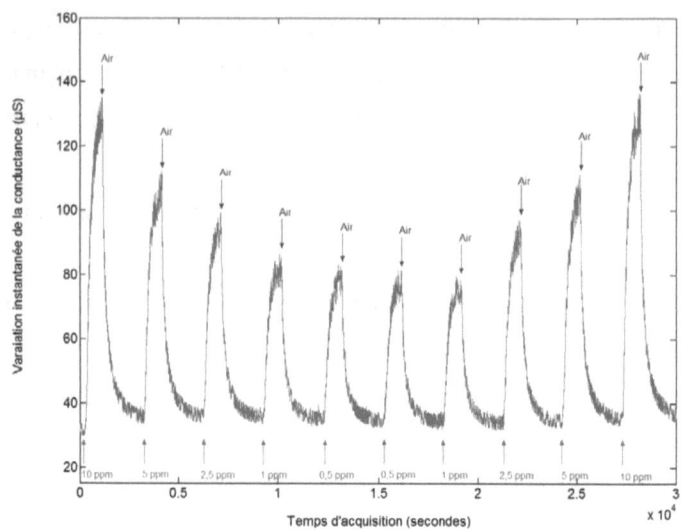

*Figure IV-1 : Variation de la conductance du capteur SnO₂ sous flux
alterné air/polluant (ONT)*

D'après la figure IV-1, on constate que les réponses électriques sont
réversibles et répétables. En effet, après chaque exposition sous polluant on
remarque que sous air le capteur retrouve sa ligne de base et pour une
même concentration d'ONT, l'amplitude de la réponse est quasi identique.
Ces résultats permettent de valider l'utilisation de capteurs à base de SnO₂
pour la détection de l'ONT en sortie de la plate-forme micro-fluidique.

Cette étude préliminaire était nécessaire pour vérifier la possibilité de
détecter l'ONT avec un capteur SnO₂. Le paragraphe suivant consiste à
détailler la démarche expérimentale adaptée pour déterminer les conditions
optimales de fonctionnement du micro-préconcentrateur.

3 Évaluation des conditions optimales d'adsorption et de désorption de l'ONT sur les adsorbants dans le micro-préconcentrateur

Les adsorbants concernés ici sont les charbons N, KL_2, KL_3 et la zéolithe DAY. Ces adsorbants ont été présélectionnés à la suite de l'étude présentée dans le chapitre II.

Avant de coupler le micro-préconcentrateur à la micro-colonne chromatographique, une phase d'optimisation des conditions d'adsorption et de désorption de l'ONT est nécessaire dans cette nouvelle configuration expérimentale. Parmi les paramètres à étudier, on distingue tout particulièrement le temps de désorption ainsi que le débit d'adsorption.

La configuration expérimentale utilisée pour optimiser les conditions d'adsorption et de désorption du micro-préconcentrateur est représentée sur la figure IV-2.

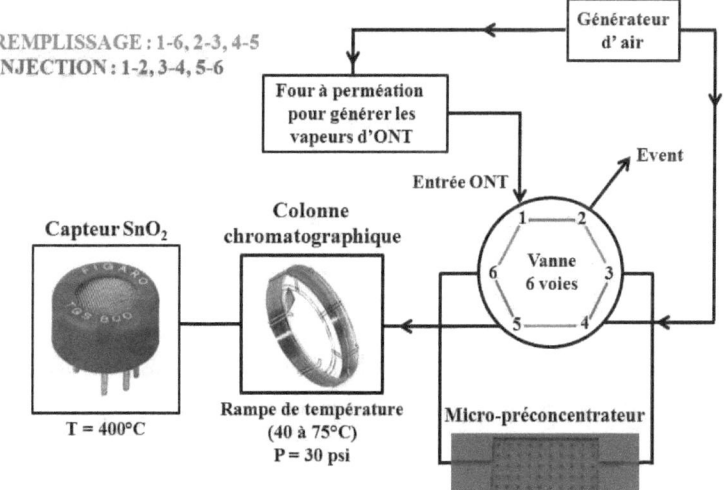

Figure IV-2 *: Configuration expérimentale du système utilisé*

Ce dispositif se décompose en trois parties principales : concentration, élution et détection.

La première partie est constituée du micro-préconcentrateur assurant les rôles de concentrateur du composé cible et également d'injecteur de ce dernier dans la colonne chromatographique. En particulier, grâce à l'utilisation d'une vanne de transfert six voies, il est possible dans une première phase de concentrer les molécules d'ONT (mode remplissage) puis dans une seconde phase de désorber thermiquement les molécules concentrées (mode injection) en direction de la colonne chromatographique par commutation de la vanne six voies.

La deuxième partie de ce montage expérimental correspond à la colonne chromatographique. Ici, la colonne chromatographique utilisée est de type capillaire (Chrompack capillary column CP-Sil 8CB LOW BLEED/MS 30 m-0,25 mm-0,25 µm) permettant l'élution de composés organiques volatils. L'intérêt d'utiliser une colonne chromatographique entre le préconcentrateur et le capteur SnO_2 réside principalement dans la possibilité d'éluer et séparer dans le cas de mélanges les composés désorbés du préconcentrateur sans phénomène de dilution dans le gaz vecteur.

Après les différentes étapes d'optimisation des conditions d'adsorption et de désorption de l'ONT dans le micro-préconcentrateur, cette colonne chromatographique classique sera remplacée par la micro-colonne chromatographique réalisée pour cette étude.

L'élution de l'ONT à travers la colonne chromatographique est réalisée en utilisant une rampe de température de 40 à 75°C avec une vitesse de 50°C.min^{-1}.

La désorption des composés issus du préconcentrateur n'étant pas instantanée, il est nécessaire de les recondenser pour les accumuler en tête de la colonne chromatographique afin d'éviter le phénomène de dispersion des solutés dans la colonne.

La température de 40°C constitue alors un point froid en entrée de colonne chromatographique pour les composés désorbés du préconcentrateur.

Cette étape d'accumulation est fixée à 5 minutes. Ensuite, l'élution est initiée par application de la rampe de température.

Ces conditions sont nécessaires pour obtenir un pic d'élution suffisamment étroit.

Le capteur à base de dioxyde d'étain, placé en aval de la colonne chromatographique constitue la dernière partie du montage.

Les mesures sont répétées trois fois pour chaque expérience réalisée, ceci dans le but de vérifier la reproductibilité des réponses électriques et également de calculer les incertitudes de mesures.

Pour l'optimisation des conditions d'adsorption et de désorption, notre choix s'est porté sur le charbon KL_3. En effet, sur la base des résultats obtenus dans le chapitre II de ce manuscrit, ce matériau a montré une bonne capacité d'adsorption/désorption de l'ONT. Il sera donc utilisé comme adsorbant référence pour l'optimisation de ces paramètres.

Dans un premier temps nous allons détailler les résultats relatifs à l'optimisation du temps de désorption puis à l'influence du débit d'adsorption.

Dans chaque cas, la température de désorption est fixée à 230°C et le temps d'adsorption à 5 minutes correspondant à un temps suffisant pour adsorber une quantité importante du composé cible [2].

3.1 Temps de désorption

Pour déterminer le temps de désorption, une concentration d'ONT égale à 22 ppm est utilisée.

L'évaluation du temps de désorption a été effectuée en chauffant le micro-préconcentrateur à 230°C pendant 2,5 et 5 minutes. Les réponses électriques du capteur obtenues dans ce cas sont représentées sur la figure IV-3.

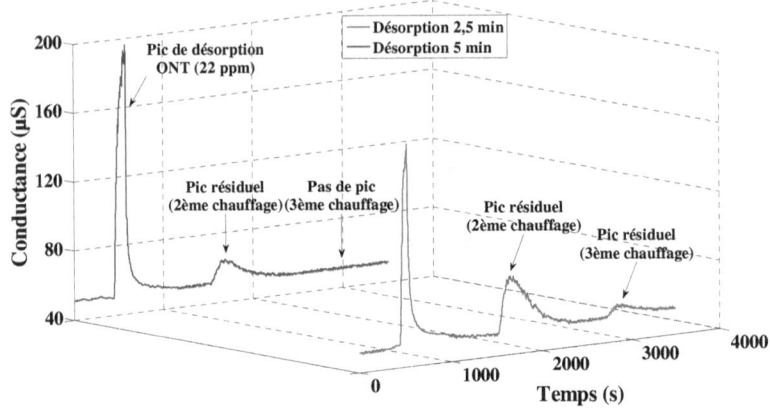

Figure IV-3 : Réponses du système à 22 ppm d'ONT après un temps de désorption de 2,5 et 5 minutes

L'analyse de ces deux chromatogrammes montre que le pic de détection obtenu après le premier chauffage à 230°C en utilisant un temps de désorption de 5 minutes est plus grand que celui obtenu pour un temps de désorption de 2,5 minutes. Ceci signifie que la quantité désorbée augmente avec le temps de chauffage. Pour désorber la totalité de l'ONT de cet adsorbant, il est nécessaire d'appliquer des cycles de chauffage supplémentaires. En particulier, dans le cas d'une désorption pendant 2,5 minutes, deux chauffages supplémentaires sont nécessaire pour désorber totalement l'ONT. Alors que pour un temps de désorption de 5 minutes, un deuxième chauffage est nécessaire. Ces constats permettent de montrer qu'un temps de désorption de 5 minutes est nécessaire pour désorber une quantité importante d'ONT.

Afin de conserver un temps d'analyse suffisamment court, ce temps de désorption de 5 minutes sera utilisé pour la suite des expérimentations.

Après le choix du temps de désorption de l'ONT dans le micro-préconcentrateur, nous présentons dans le paragraphe suivant l'étude relative à l'optimisation du débit d'adsorption.

3.2 Débit d'adsorption

Un facteur important ayant une influence directe sur la capacité d'adsorption du micro-préconcentrateur est le débit du polluant lors de la phase d'adsorption. L'optimisation du débit de polluant a été réalisée en utilisant une concentration de 5 ppm d'ONT. Cette concentration est différente de celle utilisée précédemment pour des raisons expérimentales liées aux contraintes de dilution. Les débits étudiés ici sont fixés à 40, 80, 100 et 120 mL.min^{-1}.

Les réponses du capteur obtenues pour chaque débit d'adsorption sont les suivantes (**Figure IV-4**) :

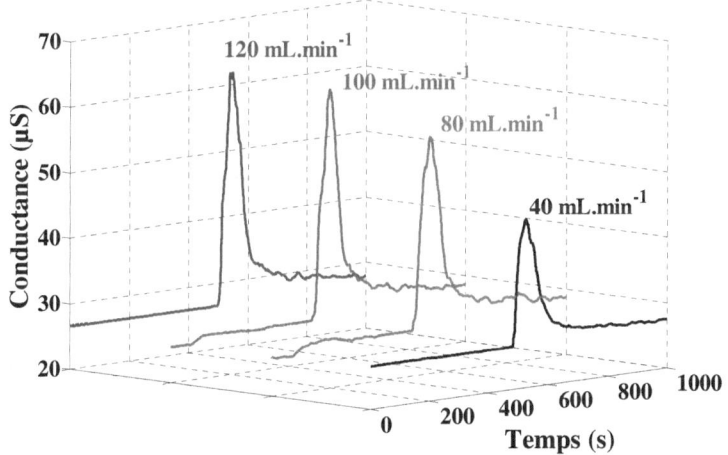

Figure IV-4 *: Influence du débit d'adsorption sur l'amplitude des réponses du capteur*

D'après ces chromatogrammes, on constate que le pic de détection de l'ONT augmente avec le débit d'adsorption.

Ces pics de détection permettent de calculer un facteur reflétant l'efficacité et la performance du préconcentrateur : le facteur de concentration (FC) ou facteur d'enrichissement.

Généralement, ce facteur correspond au rapport de la concentration de l'échantillon désorbé avec préconcentrateur sur la concentration de l'échantillon sans préconcentrateur [3-6].

Il peut également être défini comme étant le rapport entre l'aire des pics chromatographiques de réponse du détecteur avec et sans préconcentrateur [7, 8].

Dans notre cas, le facteur de concentration (FC) est définit par le rapport entre l'amplitude du pic de désorption avec adsorbant et l'amplitude du pic de désorption sans adsorbant.

$$FC = \frac{Amplitude\ du\ pic\ de\ désorption\ avec\ adsorbant}{Amplitude\ du\ pic\ de\ désorption\ sans\ adsorbant}$$

Le facteur de concentration dépend essentiellement des conditions expérimentales utilisées lors de la phase d'adsorption et de désorption (débit et temps d'adsorption, température de désorption, ...).

La figure IV-5 présente le facteur de concentration calculé pour différents débits d'adsorption de l'ONT.

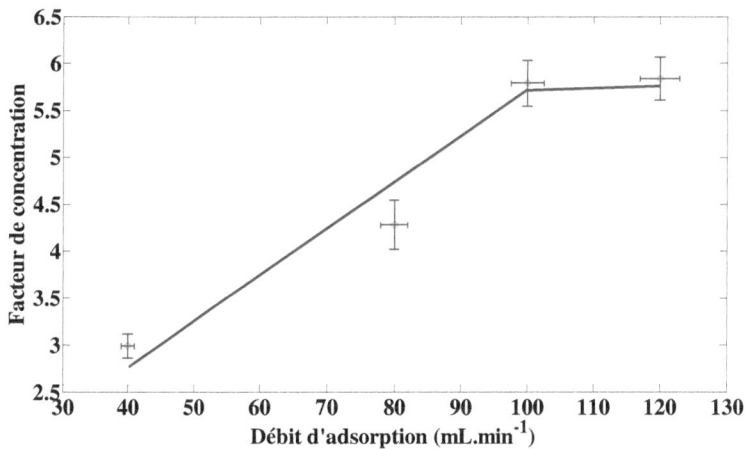

Figure IV-5 : *Évolution du facteur de concentration en fonction du débit*
d'adsorption

Les barres d'incertitudes sur les facteurs de concentration correspondent à l'écart type calculé en répétant l'expérience trois fois. Celles sur les débits d'adsorption correspondent à une incertitude de 2,5% liée à l'utilisation de débitmètres massiques.

L'évolution du facteur de concentration, montre que la quantité adsorbée par le charbon KL_3 augmente lorsque le débit d'adsorption croît de 40 à 100 mL.min^{-1}. À partir de 100 mL.min^{-1} le facteur de concentration se stabilise. Ce phénomène est dû au fait que l'adsorption des molécules d'ONT sur le matériau adsorbant est contrôlée par la vitesse du débit utilisé et dépend de l'interaction qui aura lieu entre les molécules de polluant et les sites d'adsorption [3]. Ainsi, le débit optimal est obtenu lorsque le facteur de concentration atteint son maximum.

Dans notre cas, un débit d'adsorption égal à 100 mL.min^{-1} permet d'optimiser l'adsorption de l'ONT dans le micro-préconcentrateur.

Dans cette partie, nous avons optimisé les conditions d'adsorption et de désorption de l'ONT à l'aide d'un micro-préconcentrateur à base de charbon actif (KL$_3$). Ces conditions optimisées seront utilisées et appliquées sur tous les adsorbants dans les expériences qui vont suivre.

Le tableau IV-1 résume les conditions expérimentales qui seront utilisées pour la suite de cette étude.

Temps d'adsorption	Débit d'adsorption	Température de désorption	Temps de désorption
5 min	100 mL.min^{-1}	230°C	5 min

Tableau IV-1 : *Conditions expérimentales pour l'adsorption et la désorption de l'ONT*

Ces conditions expérimentales vont maintenant être appliquées pour étudier les différents adsorbants présélectionnés lors de l'étude présentée en chapitre II.

3.3 Étude des charbons N, KL$_2$, KL$_3$ et de la zéolithe DAY

La capacité d'adsorption de l'ONT des trois charbons (N, KL$_2$ et KL$_3$) et de la zéolithe DAY est étudiée dans les mêmes conditions d'adsorption (5 min, 100 mL.min^{-1}) et de désorption (5 min, 230°C).

Les chromatogrammes obtenus avec un micro-préconcentrateur vide (référence) puis avec les micro-préconcentrateurs remplis par les charbons N, KL$_2$, KL$_3$ et la zéolithe DAY sont représentés sur la figure IV-6.

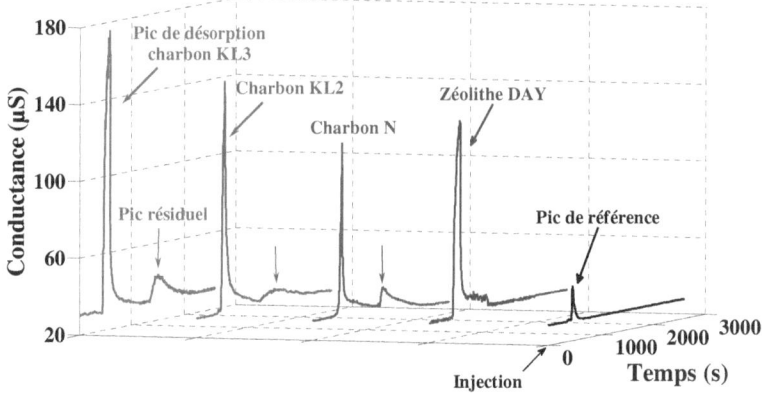

*Figure IV-6 : Réponses du système à 22 ppm d'ONT avec les micro-
préconcentrateurs vide, DAY, N, KL₂ et KL₃ après un temps d'adsorption et
de désorption de 5 minutes*

Au vue de ces chromatogrammes et par comparaison avec le pic de référence, nous constatons que les charbons N, KL_2, KL_3 et la zéolithe DAY ont une bonne capacité d'adsorption de l'ONT.

L'analyse de ces différents chromatogrammes montre également la présence de pic résiduel de désorption après un second cycle de chauffage pour tous les charbons étudiés. La zéolithe, quand à elle, est capable de désorber la totalité de l'ONT adsorbé en un seul cycle de chauffage puisque nous n'avons pas observé de pic résiduel de désorption. Le tableau suivant montre le pourcentage de pic résiduel restant en divisant l'amplitude de ce dernier par le pic de désorption obtenu après le premier cycle de chauffage.

Adsorbant	Zéolithe DAY	Charbon N	Charbon KL_2	Charbon KL_3
Pourcentage restant	0	10%	2%	5%

*Tableau IV-2 : Pourcentage de pic résiduel restant après un deuxième
cycle de chauffage à 230°C*

Afin de comparer les capacités d'adsorption et de désorption des adsorbants indépendamment de leurs masses déposées, nous traçons les facteurs de concentration normalisés pour la concentration de 22 ppm d'ONT (**Figure IV-7**).

Ce facteur normalisé est calculé en divisant le facteur de concentration définit précédemment par la masse d'adsorbant.

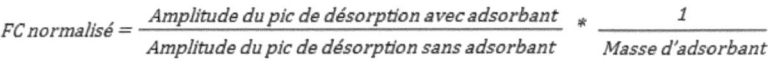

$$FC\ normalisé = \frac{Amplitude\ du\ pic\ de\ désorption\ avec\ adsorbant}{Amplitude\ du\ pic\ de\ désorption\ sans\ adsorbant} * \frac{1}{Masse\ d'adsorbant}$$

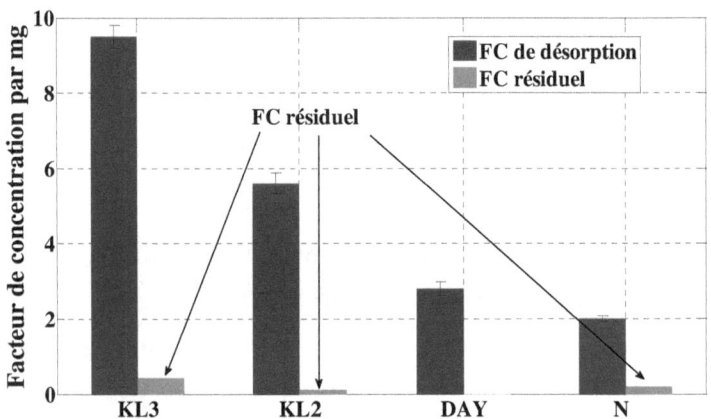

Figure IV-7 *: Comparaison des facteurs de concentration normalisés pour les charbons N, KL$_2$, KL$_3$ et la zéolithe DAY*

En se basant sur l'histogramme ci-dessus, on constate que le charbon N possède le plus petit facteur de concentration normalisé. En effet, ce charbon retient fortement les molécules d'ONT, qui restent piégées au sein de la structure poreuse de ce matériau. Cette forte rétention est probablement liée au phénomène de chimisorption et aux interactions qui se créent lors de la phase d'adsorption entre le polluant et la surface de l'adsorbant empêchant ainsi de libérer facilement les molécules adsorbées. Ce résultat est en accord avec celui observé dans le chapitre II où le charbon N a présenté ce même comportement.

Les micro-préconcentrateurs remplis par les charbons KL_2 et KL_3 présentent les facteurs de concentration les plus élevés. Ces deux matériaux montrent une grande capacité d'adsorption de l'ONT en raison de leurs propriétés poreuses importantes (surfaces spécifiques élevées et volumes poreux importants). Notons que le charbon KL_3 présente le facteur de concentration le plus élevé.

Concernant la zéolithe DAY, cette dernière présente un facteur de concentration intermédiaire et une désorption totale du polluant en un seul cycle de chauffage. Ce matériau est capable d'adsorber l'ONT et de le libérer facilement de sa structure poreuse.

À l'issue de cette étude, deux adsorbants sont définitivement sélectionnés. Le charbon KL_3 puisqu'il présente le facteur de concentration le plus élevé malgré la présence d'un pic résiduel et la zéolithe DAY qui est capable de désorber totalement l'ONT en un seul cycle de chauffage [9].

3.4 Synthèse

Cette première partie de chapitre a permis d'une part de valider l'utilisation du capteur SnO_2 pour la détection de l'ONT et d'autre part de déterminer les conditions optimales d'adsorption et de désorption du préconcentrateur. En particulier pour la concentration de l'ONT, le débit d'adsorption est de 100 mL.min^{-1} et le temps de désorption fixé à 5 minutes. Enfin, en utilisant ces conditions expérimentales, nous avons affiné le choix des adsorbants en se limitant au charbon KL_3 et à la zéolithe DAY.

Dans la suite de ce chapitre, nous allons caractériser la plate-forme micro-fluidique composée du micro-préconcentrateur et de la micro-colonne chromatographique afin de déterminer ses performances de concentration et de séparation de l'ONT.

Dans un premier temps, les conditions d'élution de l'ONT à travers la micro-colonne ainsi que l'étude du temps d'adsorption dans le micro-préconcentrateur seront détaillées. Ensuite, les résultats expérimentaux concernant l'évaluation des performances d'analyse de la plate-forme en termes de limite de détection, séparation d'un mélange et étude du taux d'hygrométrie seront également présentés.

4 Évaluation des performances d'analyse de la plate-forme

La plate-forme composée du micro-préconcentrateur et de la micro-colonne chromatographique est couplée à un capteur à base de dioxyde d'étain (SnO_2) en utilisant le montage présenté sur la figure IV-8.

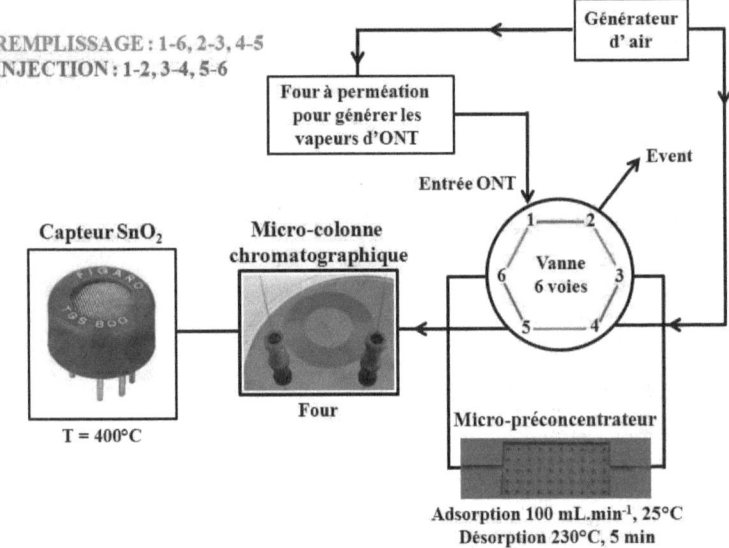

Figure IV-8 : *Configuration expérimentale utilisée pour caractériser la plate-forme micro-fluidique*

Ce montage est le même que celui présenté précédemment à la différence que nous avons substitué la colonne chromatographique classique par la micro-colonne chromatographique.

L'utilisation de la micro-colonne chromatographique implique une nouvelle phase d'optimisation de certains paramètres. En particulier, ces paramètres sont la température et également la pression en entrée de la micro-colonne chromatographique.

Le faible volume de la micro-colonne chromatographique impose également une optimisation du temps d'adsorption au niveau du micro-préconcentrateur qui joue, ici aussi, les rôles de concentrateur et d'injecteur chromatographique.

Les paragraphes suivants vont détailler ces différentes phases d'optimisation en utilisant encore une fois le charbon KL_3 comme référence.

4.1 Détermination des conditions optimales d'élution

La pression du gaz vecteur en entrée de la micro-colonne (donc le débit) ainsi que la température (isotherme ou rampe de température) de la micro-colonne chromatographique ont une influence directe sur l'élution de l'ONT.

L'optimisation de ces paramètres consiste à en fixer un (pression ou température) tout en faisant varier l'autre (pression ou température).

Concernant tout d'abord la pression du gaz vecteur en entrée de la micro-colonne, nous avons étudié une gamme allant de 10 à 30 psi[1]. La température de la micro-colonne est ici fixée à 85°C en isotherme correspondant à une température suffisamment élevée pour éluer l'ONT sans dégradation des connections fluidiques.

Les tests sont effectués avec un micro-préconcentrateur vide et une concentration de 44 ppm d'ONT. Les variations de l'amplitude, du temps de rétention et de la largeur à mi-hauteur du pic de détection de l'ONT en fonction de la pression appliquée en entrée de la micro-colonne sont représentées sur la figure IV-9.

---

[1] 1 psi = 0,069 bar

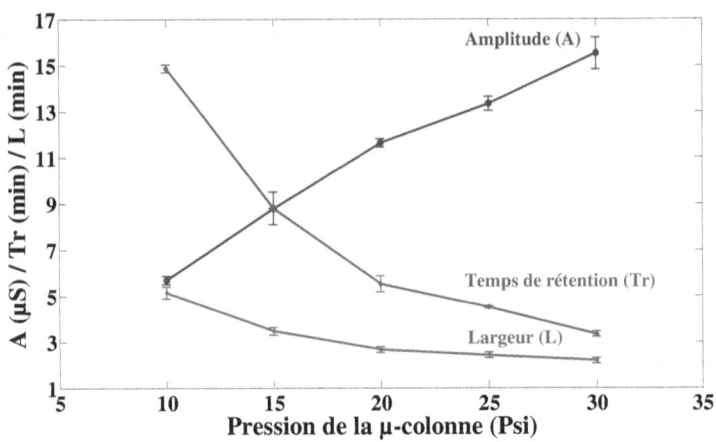

Figure IV-9 : *Effet de la pression du gaz vecteur sur la performance d'élution de l'ONT*

D'après la figure IV-9, on constate que l'amplitude des pics de détection de l'ONT augmente avec la pression en entrée de la micro-colonne alors que le temps de rétention et la largeur à mi-hauteur du pic obtenu diminuent. Ces résultats montrent que l'augmentation de la pression conduit à une amélioration des caractéristiques du pic de détection (amplitude, largeur et temps de rétention). Une pression de 30 psi est alors choisie pour éluer l'ONT dans la micro-colonne chromatographique. On souligne que notre configuration expérimentale actuelle ne permet pas d'appliquer une pression plus élevée.

Après avoir évalué la pression en entrée de la micro-colonne chromatographique (30 psi), l'étude consiste maintenant à déterminer le mode d'élution de l'ONT. Nous envisagerons ici soit l'élution en isotherme, soit l'élution en rampe de température.

Les essais sont effectués avec le micro-préconcentrateur rempli par le charbon KL_3 à une concentration de 22 ppm d'ONT et en utilisant les conditions d'adsorption et de désorption optimisées.

Les réponses obtenues avec le micro-préconcentrateur KL$_3$ en travaillant soit en isotherme (85°C) soit en rampe de température (40 à 85°C) sont représentées sur la figure IV-10.

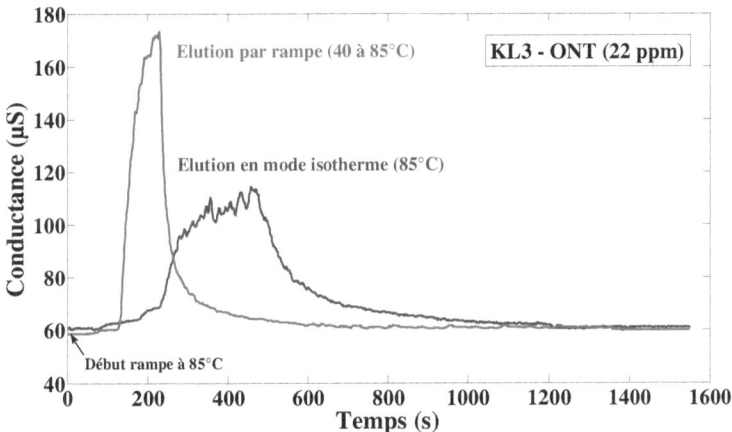

Figure IV-10 : *Comparaison entre les deux modes d'élution de l'ONT*

D'après ces chromatogrammes, on constate que le pic de détection obtenu en rampe de température est plus étroit, et possède une amplitude plus élevée que celui obtenu en isotherme à 85°C.

Ce phénomène s'explique de la manière suivante :

En mode isotherme (85°C), le fait que le micro-préconcentrateur ne désorbe pas instantanément les molécules d'ONT, ces dernières vont être éluées au sein de la micro-colonne au fur et à mesure de leur désorption. En d'autre terme, nous sommes confrontés à une injection en continu d'ONT dans la micro-colonne induisant un étalement de la réponse électrique au niveau du capteur SnO$_2$.

Pour s'affranchir de ce phénomène d'étalement des molécules d'ONT, il est nécessaire d'accumuler en tête de la micro-colonne la totalité des molécules d'ONT désorbées du préconcentrateur avant d'initier leur migration. La solution consiste ici à imposer un point froid en maintenant la micro-colonne à 40°C pendant 5 minutes après la désorption de l'ONT.

La rampe de température de 40 à 85°C à une vitesse de 50 °C.min^{-1} permet ensuite de réaliser une élution rapide de toute la quantité désorbée d'ONT. L'élution en rampe de température sera donc appliquée pour la suite de cette étude.

Après la détermination des conditions optimales d'élution de l'ONT dans la micro-colonne chromatographique, à savoir, une rampe de température de 40 à 85°C et une pression de 30 psi, nous allons présenter dans le paragraphe suivant l'étude du temps d'adsorption afin de compléter l'optimisation des conditions d'adsorption dans le micro-préconcentrateur.

4.2   Détermination du temps d'adsorption

La micro-colonne chromatographique développée dans cette étude présente un volume interne de 50 µL. Ce volume est très faible comparé aux volumes des colonnes chromatographiques classiques (> 1000 µL). Ce constat impose d'étudier l'influence du temps d'adsorption donc de la quantité d'ONT qui sera désorbée en tête de la micro-colonne chromatographique sur la capacité d'élution de cette dernière.

Cette étude est réalisée avec le charbon KL$_3$ et la zéolithe DAY à des concentrations de 22 et 5 ppm d'ONT.

La figure IV-11 représente les hauteurs des pics de détection obtenues avec ces deux adsorbants pour des temps d'adsorption qui varient de 1 à 20 minutes.

Les barres d'incertitudes sont évaluées ici en calculant l'écart type sur les hauteurs des pics obtenus pour chaque temps d'adsorption.

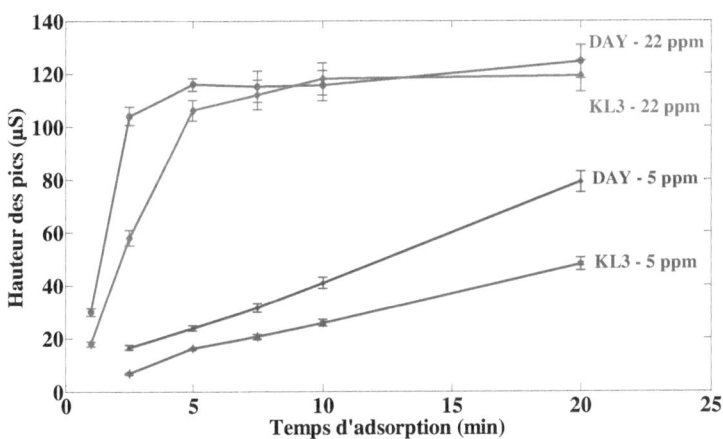

Figure IV-11 : Hauteurs des pics de désorption à 22 et 5 ppm d'ONT en fonction du temps d'adsorption

L'analyse de ce graphique montre que pour des concentrations élevées en ONT (22 ppm) et à partir d'un temps d'adsorption de 5 minutes, les hauteurs des pics commencent à se stabiliser. En effet, au delà de 5 minutes, la quantité d'ONT désorbée s'avère trop importante pour être éluée de manière satisfaisante par la micro-colonne chromatographique. On observe alors un étalement du pic de détection. Ce phénomène n'est pas observé en testant une concentration plus faible d'ONT (5 ppm). Dans ce cas, on constate que les hauteurs des pics augmentent linéairement avec le temps d'adsorption sans étalement du pic de détection.

Pour assurer à la fois un temps d'analyse court et adsorber suffisamment d'ONT, nous choisissons un temps d'adsorption de 5 minutes limitant la présence de ce phénomène dans la micro-colonne quelle que soit la concentration d'ONT.

4.3 Synthèse sur les conditions optimales

Les différentes études réalisées ont permis de déterminer les conditions optimales pour l'adsorption, la désorption et l'élution de l'ONT.

Le tableau IV-3 résume ces conditions de fonctionnement de la plate-forme micro-fluidique.

Micro-préconcentrateur				Micro-colonne	
Temps d'adsorption	Débit d'adsorption	Température de désorption	Temps de désorption	Mode d'élution	Pression
5 min	100 mL.min^{-1}	230°C	5 min	Rampe 40 à 85°C	30 Psi

Tableau IV-3 : Conditions optimales d'analyse de l'ONT

Ces paramètres seront utilisés pour la suite de la caractérisation de la plate-forme micro-fluidique en particulier, pour l'évaluation de la limite de détection de l'ONT et la capacité de séparation de cette molécule en présence d'un interférent.

4.4   Évaluation de la limite de détection de l'ortho-nitrotoluène

Différentes concentrations en ONT sont générées afin d'évaluer la limite de détection du micro-système.

La réponse du micro-système est obtenue en mesurant la variation de la conductance du capteur SnO_2 en fonction du temps et de la concentration en ONT.

Les pics de référence ainsi que les pics de dilution sont obtenus en utilisant respectivement un micro-préconcentrateur avec une cavité vide (sans adsorbant) et deux micro-préconcentrateurs remplis par le charbon KL$_3$ et la zéolithe DAY.

Les réponses du système pour différentes concentrations de l'ONT sont présentées sur la figure IV-12.

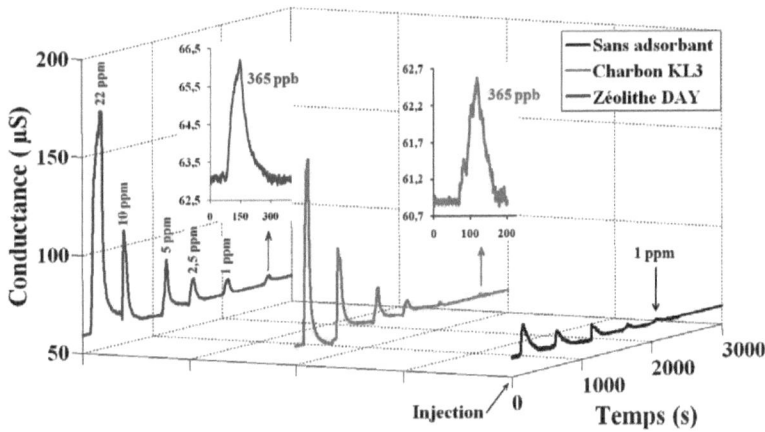

Figure IV-12 : Réponses du micro-système à des concentrations de l'ONT
allant de 22 ppm à 365 ppb

La limite de détection est évaluée lorsque le signal obtenu est au moins égal à trois fois le bruit de fond [10].

En se basant sur les pics de référence (micro-préconcentrateur à cavité vide), on constate que la limite de détection du micro-système est de 1 ppm. L'utilisation des micro-préconcentrateurs remplis par le charbon KL$_3$ ou la zéolithe DAY permet au micro-système de détecter une concentration de 365 ppb. La présence du micro-préconcentrateur permet d'abaisser la limite de détection et donc d'augmenter globalement la sensibilité du micro-système.

Cette valeur de 365 ppb est la concentration minimale que nous pouvons obtenir avec notre dispositif de génération de vapeurs calibrées. Néanmoins, en se basant sur les résultats obtenus, le pic d'élution à 365 ppb est suffisamment exploitable pour espérer abaisser la limite de détection à des teneurs inférieures à 365 ppb.

Concernant la stabilité thermique du charbon KL$_3$ et de la zéolithe DAY, nous avons remarqué que ces deux adsorbants ont conservé leurs capacités de concentration de l'ONT tout au long de ces expériences et pendant une longue durée d'utilisation (plusieurs mois).

Sur la base des chromatogrammes de la figure IV-12, nous pouvons également tracer la variation du facteur de concentration normalisé du charbon KL$_3$ et de la zéolithe DAY en fonction de la concentration en ONT (**Figure IV-13**).

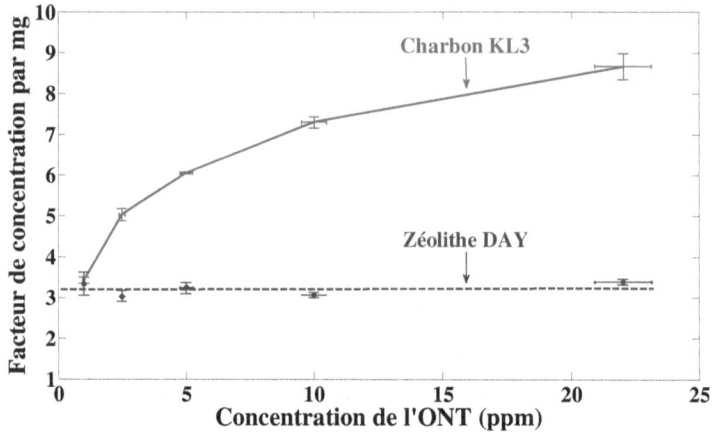

Figure IV-13 : Facteurs de concentration normalisés calculés pour le charbon KL$_3$ et la zéolithe DAY

La représentation graphique de ce facteur (**Figure IV-13**) montre que le comportement de ces deux adsorbants est différent. Ceci est principalement dû à la structure poreuse différente de chaque adsorbant.

Pour le charbon KL$_3$, le facteur de concentration augmente avec la concentration de l'ONT.

La raison de cette variation peut être expliquée par la large distribution de la taille des micropores de ce charbon et la présence de différents sites d'adsorption (sites actifs, micropores, mésopores). En d'autre terme, ce phénomène est lié à la structure poreuse hétérogène de ce charbon.

Pour la zéolithe DAY, on remarque que le facteur de concentration est constant (3,2 ± 0,15) et indépendant de la concentration de l'ONT. Ceci peut s'expliquer par le fait que la zéolithe DAY présente une distribution homogène de la taille de ses micropores. Les sites d'adsorption interagissent avec les molécules d'ONT d'une manière équivalente et donc la capacité de concentration de ces molécules et les interactions qui ont lieu sont identiques.

Pour conclure, le charbon KL_3 est intéressant en terme de facteur de concentration élevé. La zéolithe DAY est prometteuse en raison de sa capacité à désorber complètement l'ortho-nitrotoluène en un seul cycle de chauffage et également du fait de son facteur de concentration constant facilitant ainsi la quantification de la concentration de composé cible dans une atmosphère réelle.

Ces résultats permettent de dresser les constats suivants :

✓ Le système formé par le couplage entre le micro-préconcentrateur, la micro-colonne chromatographique et le capteur SnO_2 est capable de détecter l'ortho-nitrotoluène (ONT) à de faibles concentrations (< 365 ppb).

✓ Les deux adsorbants ont montré une bonne capacité de concentration de l'ONT.

✓ Les deux adsorbants ont montré une très bonne stabilité thermique malgré un nombre important de cycles de chauffage appliqués ne modifiant pas leur capacité de concentration.

✓ La zéolithe DAY présente des avantages certains en raison de son facteur de concentration constant et de la désorption complète de l'ONT en un seul cycle de chauffage.

Après avoir évalué la limite de détection de l'ortho-nitrotoluène seul, l'étape suivante consiste à déterminer la capacité de séparation de la plate-forme micro-fluidique en présence d'un interférent.

4.5 Capacité de détection de l'ONT en présence d'un interférent

Afin de vérifier les performances de séparation de cette plate-forme micro-fluidique, nous avons choisi d'ajouter le toluène comme interférent dans l'échantillon à analyser. Le choix de cet interférent s'explique principalement par le fait que ce composé présente une structure très proche de l'ONT et il fait partie des composés organiques volatils. La concentration du toluène dans le mélange binaire ainsi formé est fixée à 3 ppm.

4.5.1 Séparation de l'ONT en présence du toluène

Le mélange formé par le toluène et l'ortho-nitrotoluène est tout d'abord testé en absence de la micro-colonne chromatographique afin de montrer le rôle de cette dernière, puis avec la micro-colonne. Les tests de détection ont été réalisés avec les micro-préconcentrateurs remplis par le charbon KL$_3$ et la zéolithe DAY. Les mélanges testés sont constitués de 3 ppm de toluène et de 22 ppm d'ONT.

La figure IV-14 montre les réponses électriques obtenues sans et avec la micro-colonne chromatographique pour le charbon KL$_3$ et la zéolithe DAY.

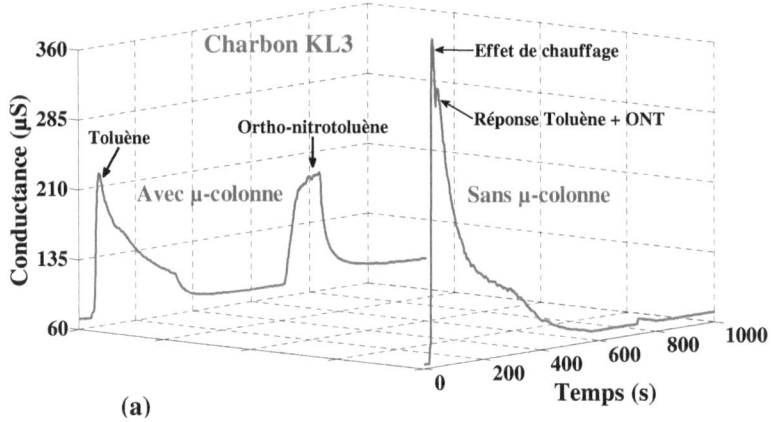

(a)

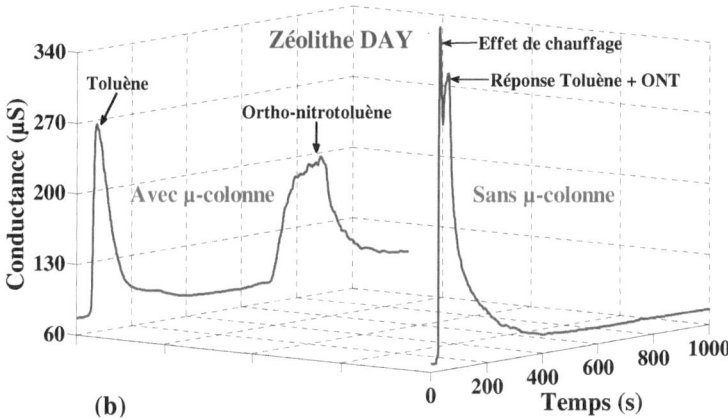

Figure IV-14 : *Réponses électriques des micro-systèmes sans et avec micro-colonne chromatographique en utilisant (a) KL₃, (b) DAY*

Ces différents chromatogrammes montrent clairement l'intérêt et la nécessité d'utiliser une micro-colonne chromatographique.

En effet, en absence de micro-colonne chromatographique, les réponses électriques obtenues apparaissent sous forme d'un seul pic de détection correspondant à la réaction simultanée du toluène et de l'ONT désorbés sur la surface sensible du capteur SnO_2. Ce dernier n'étant pas sélectif, la discrimination des deux polluants n'est donc pas envisageable dans ce cas.

On note également ici la présence d'un pic que nous attribuons à la montée en température du préconcentrateur.

En revanche, en présence de la micro-colonne chromatographique, nous distinguons deux pics de détection associés à l'élution différentielle de chaque composé chimique au sein de la micro-colonne chromatographique.

Ainsi, le toluène et l'ONT sont respectivement élués avec un temps de rétention de 40 secondes et 2 minutes. Une température de micro-colonne de 40°C est suffisante pour éluer directement le toluène après désorption (d'où un temps de rétention court), alors que l'ONT est tout d'abord retenu en tête de la micro-colonne pendant 10 minutes à 40°C (5 min de désorption + 5 min de repos), puis élué 2 minutes après le début de la rampe de température.

Ce résultat montre le rôle important de la micro-colonne chromatographique au sein de la plate-forme micro-fluidique.

L'adsorption simultanée de plusieurs polluants peut engendrer des modifications de la capacité d'adsorption des adsorbants vis-à-vis de la molécule cible. L'étude de ce cas de figure fait l'objet du paragraphe suivant.

4.5.2 Influence de la présence de toluène sur la capacité d'adsorption des adsorbants

L'influence de la présence du toluène sur la capacité d'adsorption du charbon KL$_3$ et de la zéolithe DAY a été étudiée à différentes concentrations de l'ONT. Pour ce faire, la concentration du toluène est fixée à 3 ppm alors que celle de l'ONT varie entre 22 ppm et 365 ppb. La figure IV-15 montre les chromatogrammes obtenus pour les adsorbants KL$_3$ (a) et DAY (b).

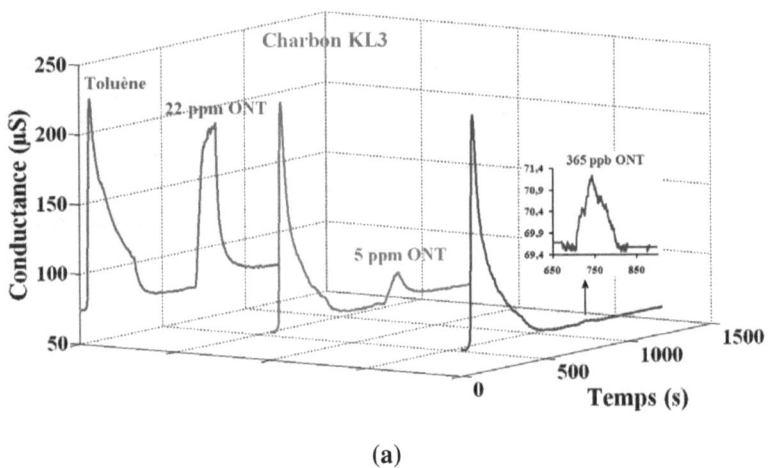

(a)

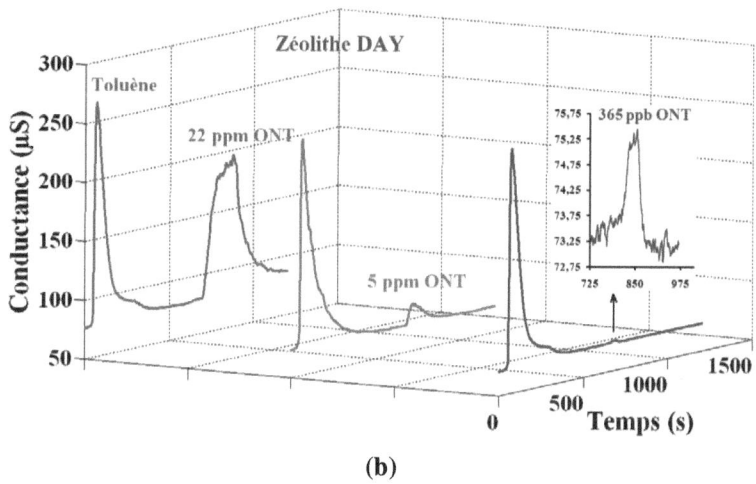

(b)

*Figure IV-15 : Réponses des micro-systèmes à différentes concentrations
d'ONT en présence de toluène avec les micro-préconcentrateurs (a) KL₃,*
(b) DAY

Ces chromatogrammes indiquent que la plate-forme micro-fluidique permet
d'accéder à la détection sélective de faibles concentrations d'ONT. En
effet, malgré la présence d'un interférent dans le mélange, il est possible de
détecter une concentration de 365 ppb d'ONT.

Pour étudier l'influence du toluène sur les capacités d'adsorption de l'ONT
sur le charbon KL₃ ou la zéolithe DAY, nous représentons sur la figure IV-
16 la variation de la hauteur des pics de détection obtenus pour ces deux
composés.

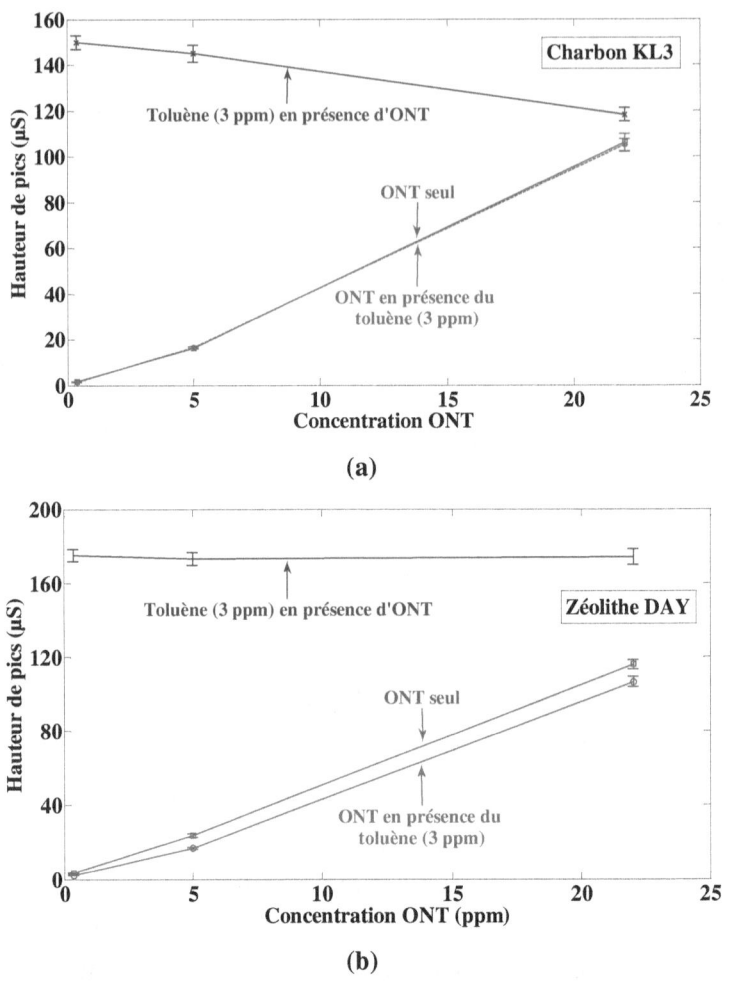

Figure IV-16 : *Variation de la hauteur des pics de détection à différentes concentrations d'ONT en présence de toluène et en utilisant les micro-préconcentrateurs (a) KL₃, (b) DAY*

Les variations des hauteurs des pics obtenues pour chacun des composés analysés montrent que le comportement de ces deux adsorbants est différent pour l'adsorption simultanée de deux composés.

Pour le charbon KL_3, on constate que la capacité d'adsorption de l'ONT n'est pas affectée par la présence d'une concentration fixe de toluène. Par contre, une diminution progressive de l'amplitude des pics de désorption du toluène est observée en fonction de la concentration croissante en ONT. Ce phénomène est attribué au fait que les sites d'adsorption du charbon KL_3 qui présente une mésoporosité importante, sont plus adaptés à l'adsorption de l'ortho-nitrotoluène qui possède une taille plus grande (8,7 Å) que le toluène (5,7 Å). Le charbon KL_3 garde ainsi la même capacité d'adsorption pour l'ONT malgré la présence de toluène.

Pour la zéolithe DAY, le phénomène inverse est observé. L'adsorption de toluène n'est pas influencée par la présence d'ONT alors que l'adsorption de ce dernier semble être perturbée par la présence de l'interférent. En effet, on remarque que la hauteur des pics de l'ONT est plus faible lorsque cette molécule est mélangée au toluène. Ce comportement s'explique par la structure microporeuse de la zéolithe qui favorise l'adsorption de toluène (taille plus petite) par rapport à l'ONT.

En résumé, le micro-système développé dans le cadre de ce travail permet :

✓ La détection de l'ONT à faible concentration et ceci en présence d'un interférent (toluène).

✓ Une séparation efficace du mélange grâce à l'utilisation de la micro-colonne chromatographique.

✓ Une concentration importante de composés chimiques de type COV (seuls ou en mélange) du fait des capacités d'adsorption du charbon KL_3 et de la zéolithe DAY.

✓ Une analyse sensible et sélective de composés de type COV.

Pour une utilisation en atmosphère réelle, il est nécessaire de tenir compte du taux d'hygrométrie. L'évaluation de l'influence de ce dernier sur la capacité d'adsorption des micro-préconcentrateurs constitue la dernière étape de caractérisation de la plate-forme micro-fluidique.

4.6 Influence du taux d'hygrométrie

La capacité d'adsorption des adsorbants dépend des propriétés poreuses de ceux-ci (diamètre de pores, surface spécifique), mais également de leurs caractères hydrophobes ou hydrophiles [11, 12].

En général, la présence d'humidité est un paramètre important à considérer lors de l'utilisation de micro-préconcentrateur. Ceci est dû au fait que la vapeur d'eau a tendance à occuper les sites d'adsorption des adsorbants conduisant ainsi à la réduction de la capacité d'adsorption de la molécule cible.

Les différentes études réalisées jusqu'à maintenant avec le charbon KL_3 et la zéolithe DAY sont effectuées en utilisant de l'air sec comme gaz vecteur ou gaz de dilution (2% d'humidité).

Pour étudier l'influence du taux d'hygrométrie sur la capacité d'adsorption de l'ONT dans les micro-préconcentrateurs, le flux d'ONT est mélangé avec de la vapeur d'eau permettant ainsi d'ajuster le taux d'hygrométrie. Un détecteur d'humidité (HIH-4000 Series – Honeywell) est utilisé pour contrôler le taux d'humidité dans le flux entrant dans le micro-préconcentrateur.

Trois concentrations d'ONT (22, 5 et 1 ppm) sont testées en présence d'un taux d'hygrométrie variable (2, 50 et 95%).

Pour toutes les expériences, nous conservons les conditions expérimentales précédemment optimisées. La figure IV-17 présente la variation des hauteurs des pics de détection de l'ONT en fonction du taux d'hygrométrie dans l'échantillon à analyser.

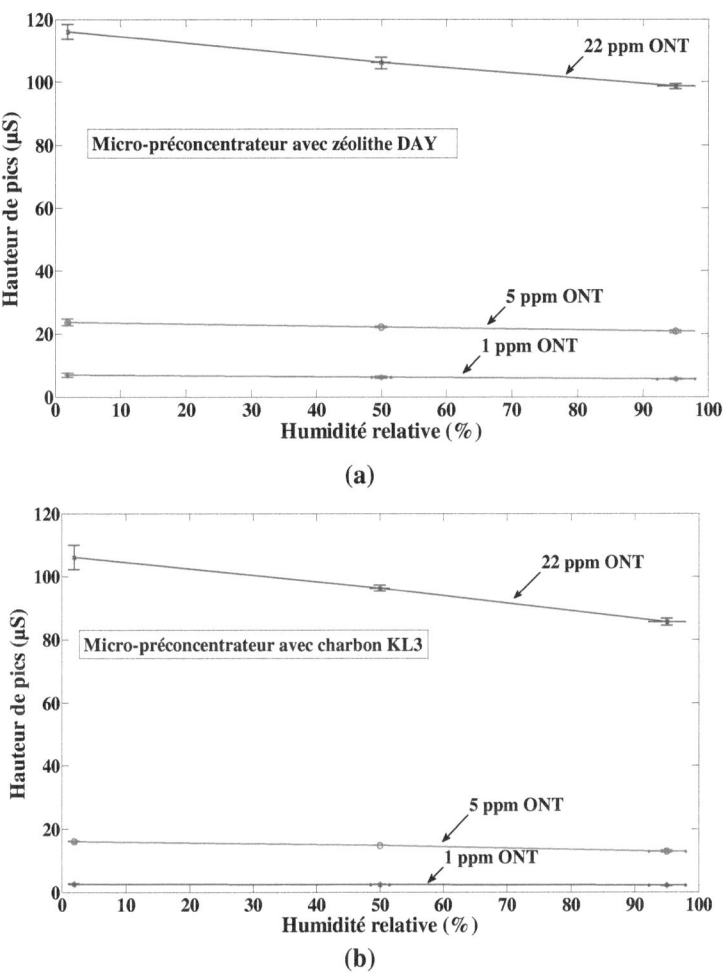

Figure IV-17 : *Influence de l'augmentation du taux d'hygrométrie sur la réponse du micro-système à différentes concentrations d'ONT et en utilisant (a) La zéolithe DAY, (b) Le charbon KL₃*

Malgré le caractère hydrophobe des adsorbants étudiés (KL$_3$ et DAY), les réponses obtenues montrent que les hauteurs des pics de détection de l'ONT diminuent sensiblement lorsque le taux d'humidité augmente.

Pour un taux d'humidité de 95%, cette diminution est au maximum égale à 15 et 20% pour la zéolithe DAY et le charbon KL₃ respectivement.

La figure IV-18 représente le pourcentage de diminution de la hauteur des pics pour les trois concentrations d'ONT étudiées (22, 5 et 1 ppm) en fonction du taux d'humidité relative.

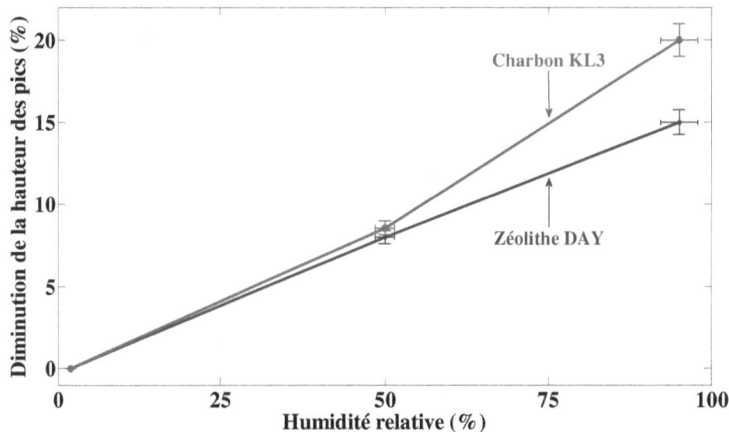

Figure IV-18 : *Évolution de la hauteur des pics de détection de l'ONT (%) en fonction du taux d'humidité pour KL₃ et DAY*

Cette diminution de la hauteur des pics de détection en présence d'humidité pour les micro-préconcentrateurs KL₃ et DAY, peut être expliquée de la façon suivante.

Lors de la phase d'adsorption, la compétition entre les molécules d'eau et celles de l'ONT induit une diminution des quantités d'ONT adsorbées sur les adsorbants. En présence d'eau, certains sites d'adsorption du charbon KL₃ et de la zéolithe DAY sont occupés par les molécules d'eau conduisant ainsi à une réduction de la quantité d'ONT adsorbée. Par suite, la capacité d'adsorption du charbon KL₃ et de la zéolithe DAY pour l'ONT diminue en augmentant le taux d'humidité [13]. Notons tout de même que la zéolithe DAY présente un caractère hydrophobe plus prononcé que le charbon actif KL₃.

5 Conclusion

L'objectif de ce chapitre était d'évaluer les performances d'analyse de la plate-forme micro-fluidique en termes de concentration et de séparation de l'ortho-nitrotoluène.

Une première phase d'étude a consisté à vérifier la capacité de détection de l'ONT à l'aide d'un capteur à base de dioxyde d'étain (SnO_2). Ensuite, le couplage du micro-préconcentrateur et du capteur SnO_2 par l'intermédiaire d'une colonne chromatographique a permis d'optimiser les conditions de fonctionnement du micro-préconcentrateur, à savoir, un débit d'adsorption de 100 mL.min^{-1} et un temps de désorption de 5 minutes. De plus, ces expériences ont permis de déterminer les adsorbants les plus appropriés pour la préconcentration de l'ONT. Le charbon KL$_3$ et la zéolithe DAY ont au final été sélectionnés.

Après avoir déterminé les conditions optimales de fonctionnement du micro-préconcentrateur, l'étape suivante a concerné l'étude des performances de la plate-forme micro-fluidique composée du micro-préconcentrateur et de la micro-colonne chromatographique.

Les résultats ont montré qu'il était nécessaire d'utiliser une rampe de température avec une pression d'entrée du gaz vecteur égale à 30 psi pour éluer l'ONT à travers la micro-colonne chromatographique.

Le temps d'adsorption a également été optimisé dans cette configuration expérimentale et fixé à 5 minutes. Ces conditions expérimentales ont permis d'évaluer la limite de détection de l'ONT qui s'avère être inférieure à 365 ppb.

Les différents réponses électriques obtenues ont montré que la zéolithe était capable de désorber totalement l'ONT en un seul cycle de chauffage alors que le charbon KL$_3$ ne pouvait désorber que 95% de la quantité d'ONT adsorbée suite au premier cycle de chauffage.

Au niveau des calculs des facteurs de concentration, les résultats indiquent que la zéolithe possède un facteur de concentration constant et donc indépendant de la concentration en ONT facilitant ainsi la détermination de la concentration de la molécule cible dans l'atmosphère.

Le facteur de concentration du charbon KL$_3$, certes plus élevé que celui de la zéolithe, augmente avec la concentration d'ONT du fait de sa structure poreuse plus hétérogène que celle de la zéolithe.

Concernant cette fois-ci les performances de séparation de cette plate-forme micro-fluidique, les campagnes expérimentales menées ont permis de montrer que la détection de faibles concentrations d'ONT (365 ppb) en présence d'un interférent (toluène) est possible en particulier grâce à l'utilisation de la micro-colonne chromatographique.

En outre, nous avons constaté que la capacité d'adsorption de l'ONT par la zéolithe DAY est diminuée en présence du toluène dans l'échantillon.

L'influence du taux d'hygrométrie sur la capacité d'adsorption des deux adsorbants a également été étudiée. A un taux d'humidité de 95%, une diminution de 15 et de 20% de la capacité d'adsorption de l'ONT est respectivement observée avec la zéolithe DAY et le charbon KL$_3$.

A l'issue de cette phase de caractérisation, il s'avère que la zéolithe DAY semble être l'adsorbant le plus approprié pour la concentration de l'ONT dans le micro-préconcentrateur. En effet, cette zéolithe a montré une désorption totale du polluant en un seul cycle de chauffage, un facteur de concentration constant et un caractère hydrophobe plus important que le charbon KL$_3$.

Ces résultats sont très intéressants dans le domaine des micro-préconcentrateurs de gaz ou de vapeurs puisque les zéolithes sont des matériaux qui ont très rarement été utilisés dans ce type de micro-systèmes.

Pour conclure, l'utilisation de la plate-forme micro-fluidique en amont du capteur SnO$_2$ a permis d'obtenir un micro-système à la fois sensible et sélectif pour la détection d'un traceur d'explosif et donc de valider l'idée originale envisagée dans ce travail de thèse.

Liste des figures du chapitre IV

Figure IV-1 : Variation de la conductance du capteur SnO₂ sous flux alterné air/polluant (ONT) 168

Figure IV-2 : Configuration expérimentale du système utilisé 169

Figure IV-3 : Réponses du système à 22 ppm d'ONT après un temps de désorption de 2,5 et 5 minutes 172

Figure IV-4 : Influence du débit d'adsorption sur l'amplitude des réponses du capteur 173

Figure IV-5 : Évolution du facteur de concentration en fonction du débit d'adsorption 175

Figure IV-6 : Réponses du système à 22 ppm d'ONT avec les micro-préconcentrateurs vide, DAY, N, KL₂ et KL₃ après un temps d'adsorption et de désorption de 5 minutes 177

Figure IV-7 : Comparaison des facteurs de concentration normalisés pour les charbons N, KL₂, KL₃ et la zéolithe DAY 178

Figure IV-8 : Configuration expérimentale utilisée pour caractériser la plate-forme micro-fluidique 180

Figure IV-9 : Effet de la pression du gaz vecteur sur la performance d'élution de l'ONT 182

Figure IV-10 : Comparaison entre les deux modes d'élution de l'ONT .. 183

Figure IV-11 : Hauteurs des pics de désorption à 22 et 5 ppm d'ONT en fonction du temps d'adsorption 185

Figure IV-12 : Réponses du micro-système à des concentrations de l'ONT allant de 22 ppm à 365 ppb 187

Figure IV-13 : Facteurs de concentration normalisés calculés pour le charbon KL₃ et la zéolithe DAY 188

Figure IV-14 : Réponses électriques des micro-systèmes sans et avec micro-colonne chromatographique en utilisant (a) KL₃, (b) DAY 191

Figure IV-15 : Réponses des micro-systèmes à différentes concentrations d'ONT en présence de toluène avec les micro-préconcentrateurs (a) KL₃, (b) DAY 193

Figure IV-16 : Variation de la hauteur des pics de détection à différentes concentrations d'ONT en présence de toluène et en utilisant les micro-préconcentrateurs (a) KL₃, (b) DAY 194

Figure IV-17 : Influence de l'augmentation du taux d'hygrométrie sur la réponse du micro-système à différentes concentrations d'ONT et en utilisant (a) La zéolithe DAY, (b) Le charbon KL₃ 197

Figure IV-18 : Évolution de la hauteur des pics de détection de l'ONT (%) en fonction du taux d'humidité pour KL₃ et DAY 198

Liste des tableaux du chapitre IV

Tableau IV-1 : Conditions expérimentales pour l'adsorption et la désorption de l'ONT 176

Tableau IV-2 : Pourcentage de pic résiduel restant après un deuxième cycle de chauffage à 230°C 177

Tableau IV-3 : Conditions optimales d'analyse de l'ONT 186

Références bibliographiques

[1] J.-B. Sanchez, F. Berger, M. Fromm, M.-H. Nadal, Use of a chromatographic column to improve the selectivity of the SnO_2 gas sensors: first approach towards a miniaturised device and selective with hydrogen fluoride vapours, Sensors and Actuators B, 106 (2005) 823–831.

[2] El Hadji Malick CAMARA, Développement d'un micro-préconcentrateur pour la détection de substances chimiques à l'état de trace en phase gaz, Thèse de l'École Nationale Supérieure des Mines de Saint-Étienne, N° 556 GP, (2009).

[3] Bassam Alfeeli, Chemical Micro Preconcentrators Development for Micro Gas Chromatography Systems, Thesis at Virginia Polytechnic Institute and State University, (2010).

[4] I. Voiculescu, M. Zaghloul, N. Narasimhan, Microfabricated chemical preconcentrators for gas phase microanalytical detection systems, Trends in Analytical Chemistry, 27 (4) (2008) 327–343.

[5] A.B. Alamin Dow, W. Lang, A micromachined preconcentrator for ethylene monitoring system, Sensors and Actuators B, 151 (1) (2010) 304–307.

[6] S. Mitra, Y. Hua Xu, W. Chen, A. Lai, Characteristics of Microtrap-Based Injection Systems for Continuous Monitoring of Volatile Organic Compounds by Gas Chromatography, Journal of Chromatography A, 727 (1996) 111–118.

[7] P.R. Lewis, P. Manginell, D.R. Adkins, R.J. Kottenstette, D.R. Wheeler, S.S. Sokolowski, D.E. Trudell, J.E. Byrnes, M. Okandan, J.M. Bauer, R.G. Manley, C. Frye-Mason, Recent Advancements in the Gas-Phase MicroChemLab, IEEE Sensors Journal, 6 (3) (2006) 784–796.

[8] I. Gràcia, P. Ivanov, F. Blanco, N. Sabaté, X. Vilanova, X. Correig, L. Fonseca, E. Figueras, J. Santander, C. Cané, Sub-ppm gas sensor detection via spiral µ-preconcentrator, Sensors and actuators B, 132 (2008) 149–154.

[9] Y. Mohsen, J.-B. Sanchez, F. Berger, H. Lahlou, I. Bezverkhyy, V. Fierro, G. Weber, A. Celzard, J.-P Bellat, Selection and characterization of adsorbents for the analysis of an explosive-related molecule traces in the air, Sensors and Actuators B, 176 (2013) 124–131.

[10] H. Lahlou, J.-B. Sanchez, X. Vilanova, F. Berger, X. Correig, V. Fierro, A. Celzard, Towards a GC-based microsystem for benzene and 1,3 butadiene detection: Pre-concentrator characterization, Sensors and Actuators B, 156 (2011) 680–688.

[11] Lei Li, Effects of activated carbon surface chemistry and pore structure on the adsorption of trace organic contaminants from aqueous solution, Thesis at North Carolina State University, (2002).

[12] W. Chen, L. Duan, D. Zhu, Adsorption of Polar and Nonpolar Organic Chemicals to Carbon Nanotubes, Environ. Sci. Technol., 41 (2007) 8295–8300.

[13] F. Cosnier, A. Celzard, G. Furdin, D. Begin, J.F. Mareche, Influence of water on the dynamic adsorption of chlorinated VOCs on active carbon: relative humidity of the gas phase versus pre-adsorbed water, Adsorption Science and Technology, 24 (2006) 215–228.

CONCLUSION GÉNÉRALE ET PERSPECTIVES

Le travail de recherche présenté dans ce manuscrit a concerné la réalisation d'une plate-forme micro-fluidique permettant la concentration et la séparation de vapeurs d'ortho-nitrotoluène considéré comme un traceur d'explosif. En particulier, les études effectuées ont permis de valider la possibilité de réaliser des analyses à la fois sensibles et sélectives en couplant la plate-forme constituée d'un micro-préconcentrateur et d'une micro-colonne chromatographique à un capteur à base de dioxyde d'étain (SnO_2).

Les capteurs à base de dioxyde d'étain (SnO_2) présentent un réel manque de sélectivité et une sensibilité insuffisante pour la détection de traces de composés chimiques. L'étude bibliographique a permis d'illustrer plusieurs solutions envisagées pour améliorer ces deux aspects et qui reposent généralement sur une modification des propriétés physico-chimiques du dioxyde d'étain (utilisation de filtres, ajout de dopant). L'approche originale envisagée dans cette thèse était de travailler en amont du capteur SnO_2en développant une plate-forme micro-fluidique composée d'un micro-préconcentrateur et d'une micro-colonne chromatographique totalement intégrés sur un substrat de silicium.

La première tâche expérimentale a concerné la caractérisation de différents adsorbants en vue de leur utilisation dans le micro-préconcentrateur. Ainsi, trois familles d'adsorbants (Charbons N, KL_1, KL_2 et KL_3 ; Zéolithe DAY et Tenax TA) ont été étudiées à l'aide de deux techniques appropriées. L'adsorption d'azote a été utilisée pour déterminer les propriétés poreuses de ces adsorbants et l'analyse thermogravimétrique (ATG) a quant à elle permis d'évaluer à la fois la capacité d'adsorption des adsorbants vis-à-vis de l'ONT et la température optimale de désorption (230°C). Cette première partie expérimentale a permis de présélectionner deux familles d'adsorbants : les charbons N, KL_2 et KL_3 et la zéolithe DAY pour l'adsorption et la désorption de l'ONT dans les micro-préconcentrateurs.

La seconde partie expérimentale a été consacrée au développement technologique des micro-systèmes intégrés sur silicium. Les supports miniaturisés ont été développés en utilisant un process commun de microfabrication basé sur les techniques de gravure (DRIE) et de soudure anodique disponibles en salle blanche. Le micro-préconcentrateur a été réalisé en adoptant une forme rectangulaire pour la micro-cavité dont les dimensions sont les suivantes : 1 cm de longueur, 0,5 cm de largeur et 400 µm de profondeur. Dans le but de fixer l'adsorbant et favoriser la diffusion du gaz dans les structures poreuses des adsorbants, des micro-piliers ont été disposés dans la micro-cavité. La micro-colonne développée présente quant à elle une géométrie de type spirale avec une longueur de 5 m, une largeur de 100 µm et une profondeur de 100 µm. La phase stationnaire utilisée dans cette étude est le PDMS, qui présente l'avantage d'être polyvalent et adapté à l'élution de composés organiques volatils.

Concernant la possibilité de détecter l'ONT avec les capteurs à base de SnO_2, les tests effectués ont montré que ces derniers sont bien adaptés à la détection de cette molécule cible puisque des réponses électriques répétables et réversibles ont été obtenues.

Pour permettre la réalisation de la détection sélective de traces d'ONT, une phase d'optimisation des paramètres intrinsèques liés au micro-préconcentrateur et à la micro-colonne chromatographique a été envisagée :

- Pour le micro-préconcentrateur, un flux d'adsorption de 100 mL.min^{-1} et un temps d'adsorption et de désorption de 5 minutes ont été fixés comme valeurs optimales pour l'adsorption et la désorption de l'ONT.

- Pour la micro-colonne chromatographique, les conditions optimales d'élution de l'ONT sont obtenues avec une rampe de température de 40 à 85°C et une pression du gaz vecteur fixée à 30 psi.

La sélection de deux adsorbants les plus appropriés pour la concentration de l'ONT a été effectuée en utilisant les conditions optimales d'adsorption et de désorption de l'ONT dans le micro-préconcentrateur. Le charbon KL$_3$ et la zéolithe DAY ont été sélectionnés. Plus précisément, la zéolithe DAY a montré par comparaison avec le charbon KL$_3$ des aspects importants tels qu'un facteur de concentration constant et une désorption totale de l'ONT en un seul cycle de chauffage.

Cette phase d'optimisation a permis d'accéder à la détection de faibles concentrations d'ONT. En particulier, l'utilisation des micro-préconcentrateurs remplis par le charbon KL$_3$ ou la zéolithe DAY a permis au micro-système de détecter une concentration de 365 ppb d'ONT.

Également, en présence du toluène, une détection sélective de l'ONT à faible concentration (365 ppb) a été obtenue grâce à l'utilisation de la micro-colonne chromatographique.

Les deux adsorbants utilisés dans le cadre de cette étude (charbon KL$_3$ et zéolithe DAY) ont montré une bonne stabilité thermique vis-à-vis des cycles de chauffage appliqués puisqu'aucune dégradation de leurs capacités d'adsorption n'a été observée.

Enfin l'étude de l'influence de la présence d'humidité sur la capacité d'adsorption de la zéolithe DAY et du charbon KL$_3$ a montré dans le deux cas une diminution de la capacité d'adsorption de l'ONT avec une augmentation du taux d'hygrométrie. Des diminutions au maximum de 15% pour la zéolithe DAY et 20% pour le charbon KL$_3$ ont été constatées pour un taux d'humidité de 95%. Cette diminution sensible permet néanmoins d'envisager l'utilisation des micro-préconcentrateurs en atmosphère réelle puisqu'en présence d'un taux d'humidité élevé (95%), une faible concentration d'ONT a pu être détectée.

Finalement, tous ces résultats ont montré que le couplage entre un micro-préconcentrateur, une micro-colonne chromatographique et un capteur chimique permet de constituer un micro-système d'analyse sensible et sélectif. Ce micro-système s'est révélé ici efficace pour la détection d'un traceur d'explosifs, l'ortho-nitrotoluène (ONT), présent à l'état de traces. Ce micro-système en présence d'interférent (toluène), a également montré une bonne performance de détection et de séparation de l'ONT à faibles concentrations.

Il ne fait pas de doute que ce micro-système pourra par la suite être utilisé pour de nombreuses autres applications de détections sélectives de composés chimiques présents à l'état de traces dans une atmosphère donnée.

Les avancées de ce travail de recherche permettent d'envisager les perspectives suivantes :

- En profitant de la technologie de micro-fabrication, l'assemblage du micro-préconcentrateur, de la micro-colonne chromatographique et d'un micro-capteur sur un même substrat de silicium sera sans doute l'objectif primordial afin de réaliser un micro-chromatographe en phase gazeuse portable et autonome. Ainsi, l'intégration de ces trois briques élémentaires sur un même support sera réalisée avec création de séparation pour isoler thermiquement chaque dispositif afin de les chauffer séparément durant la phase de fonctionnement.

- Le prototype permettra d'analyser divers composés (traces d'explosifs, COVs, biomarqueurs du cancer,...) en ajustant la capacité de détection (choix de l'adsorbant) et de séparation (choix de la phase stationnaire).

- Ce type de dispositif portable pourra sans aucun doute être utilisé ensuite pour effectuer des tests de détection en atmosphères réelles.

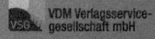

FSC
www.fsc.org
MIX
Papier | Fördert
gute Waldnutzung
FSC® C083411

Zeitfracht Medien GmbH
Ferdinand-Jühlke-Straße 7
99095 Erfurt, Deutschland
produktsicherheit@kolibri360.de

Druck:
CPI Druckdienstleistungen GmbH
im Auftrag der
Zeitfracht Medien GmbH
Ein Unternehmen der Zeitfracht - Gruppe
Ferdinand-Jühlke-Str. 7
99095 Erfurt